DE LA CULTURE DES MURIERS.

Par Mr. l'Abbé *BOISSIER DE SAUVAGES*, de la Société-Royale des Sciences de Montpellier; Membre de l'Académie Impériale Physico-Botanique & de celle des George-Fili de Florence.

A NISMES,
Chez *GAUDE*, Libraire.

M. DCC. LXIII.

Avec Approbation & Privilége de l'Académie.

DE LA CÛLTURE DES MURIERS.

LA culture du Mûrier considérée par rapport à l'éducation des Vers à soie, a pour objet l'accroissement & la multiplication des feuilles de cet arbre, qui sont l'aliment ordinaire de ces Insectes : c'est à quoi tendent singulièrement la greffe & la taille, qui donnant au Mûrier une vigueur, que la nature seule lui refuseroit, hâtent ses progrès & augmentent de beaucoup son produit.

Ces deux opérations & celles qu'on pratique dans le semis, la Pépiniere

& dans les autres Plantations (*a*) ſont très-bien détaillées dans quelques Auteurs, qui en ont traité relativement à la culture des Arbres fruitiers : il n'en eſt pas de même de l'application qu'on en a faite aux Mûriers, dont la culture a d'ailleurs des procédés qui lui ſont propres ; & qui ne ſont connus que d'un petit nombre de Cultivateurs, qui ont perfectionné depuis peu cette branche d'Agriculture.

On a cru que ce ſeroit ſervir utilement le public de la lui faire connoître, telle qu'elle eſt aujourd'hui dans quelques Cantons du Languedoc, où l'on cultive le Mûrier avec plus de ſuccès ; & de raſſembler pour cet effet dans un même

(*a*) Je prends ce terme dans l'acception vulgaire de cette Province, pour une étendue de terrein planté en arbres : le terme *Plant*, qui eſt plus communément employé dans ce ſens, ſeroit ſujet à de fréquentes équivoques, lorſque les circonſtances ne le détermineroient point au ſens collectif qu'il doit avoir ; comme, lors qu'en montrant un Champ planté en plein, on dit, voilà un beau plant d'arbres. En parlant, au reſte de l'action de planter j'employerai le mot *Plantage*, quoiqu'un peu ſuranné.

ouvrage, ce qu'il y a de mieux ſur ce ſujet dans quelques anciens Traités, & ce que la pratique actuelle de nos plus habiles Cultivateurs y a ajouté. C'eſt d'après ces vûes & ſur ce plan que j'ai dreſſé ce Mémoire : & je m'y ſuis déterminé avec d'autant moins de peine, que n'ayant pas été témoin oiſif, ou ſimple ſpectateur des manœuvres que je décris, j'avois moins à craindre de donner dans les mépriſes où pourroient tomber ceux qui n'ont pas mis eux-mêmes la main à l'œuvre.

Je réduis ce que j'ai recueilli ſur ce ſujet à cinq chefs principaux, ou aux ſoins que demandent. 1°. Le ſemis. 2°. La Pépiniere. 3°. Le Plantage des Mûriers de haute tige. 4°. Celui des Mûriers Nains, ou en Buiſſon. 5°. La Greffe. 6°. La Taille de ces Arbres plantés à demeure.

Du ſemis des Mûriers.

Un ſemis eſt un eſpace de terrein où l'on ſeme des graines d'arbre pour les élever, & les mettre après un certain tems en Pépiniere. L'on abrégeroit d'une, ou de deux années le tems qu'il y a à attendre, avant que le plant du ſemis ſoit venu, ſi l'on formoit tout-à-coup les Pépinieres avec des boutures de mûrier : c'eſt même la pratique des Iſles de France & des Indes Orientales où l'on a dans peu par ce moyen, de grandes plantations, qu'on renouvelle de tems à autre. Mais la difficulté de faire reprendre dans ce pays-ci cette eſpéce de plant, qui ne pouſſe pas auſſi aiſément que le Saule, y a fait renoncer : on préfére de ſemer de la graine ; c'eſt même une ſorte de néceſſité pour les pays où l'on n'auroit point d'avance de Mûriers, d'où l'on pût détacher des boutures, pour une nombreuſe Pépiniére.

La graine de Mûrier fraîche leve mieux que celle qu'on a fait ſécher.

Nos Jardiniers Pépiniériſtes ſement communément au Printems la graine de Mûrier, ramaſſée neuf-à-dix mois auparavant. Ceux qui ſeroient à portée d'avoir des mûres fraîches & dans leur point de maturité, n'auroient pas beſoin d'en faire ſécher la graine & d'attendre le Printems pour la ſemer. La graine fraîche, enveloppée du fruit, ſeroit bien plus diſpoſée à germer; tandis qu'elle eſt entourée & pénétrée de ſucs probablement deſtinés à la nourrir & à lui donner, pour ainſi dire, le premier lait. Le plant d'ailleurs provenu de ces graines, ſemées à la chûte des mûres, pouſſeroit avec vigueur, dans une ſaiſon où la chaleur hâte l'accroiſſement des plantes; pourvû cependant que ce puiſſant agent de la végétation, concourût avec celui des arroſemens, qui doivent être alors plus fréquens & plus abondans, pour ſupléer ce que l'évaporation auroit fait diſſiper.

Quelque ſaiſon qu'on prenne pour ſemer, il faut que la graine ſoit toujours humectée, tandis qu'elle eſt en terre, & l'on ne devroit avoir d'autre regle pour l'arroſer, que la ſécheresſe qu'on apperçoit & qu'il faudroit même prévenir.

J'ai vû un ſemis de Mûriers fait tout naturellement dans une place, qui n'y paroiſſoit guere propre: c'étoit ſur un chemin peu paſſant, tourné au Nord, bordé de hautes murailles & où le ſoleil ne donnoit preſque pas : il étoit, de plus, ombragé par un Mûrier, dont le fruit en tombant, rouloit dans les joints d'un pavé, où il n'y avoit que bien peu de terre ; mais elle étoit toujours abreuvée par l'égoût d'une fontaine, qui couloit tout auprès : les petits Mûriers y avoient foiſonné beaucoup mieux, que dans les jardins où on les ſéme, mais dont la terre n'eſt pas à beaucoup près auſſi-bien humectée.

Je remarquai des touffes de ce jeune plant, plus belles que les autres ; & c'étoit celles, qui avoient pouſſé du milieu de la fiente de cochon : ces animaux avoient dépoſé ſur ce chemin, une partie des mûres qu'ils y étoient venu paître : la graine de ce fruit, préparée par la chaleur de l'eſtomac, & enveloppée de fumier, en tombant ſur une place toujours inondée d'eau, ne pouvoit manquer de bien pouſſer dans cette ſaiſon & de produire de beaux plants dans la ſuite ; ſi la terre eût été diſpoſée à recevoir bien avant leurs racines.

On voit de-là, qu'indépendamment des engrais, des arrosemens & de tout ce qui contribue à la germination, la graine de Mûrier devroit être légérement couverte, & seulement pour être garantie du hâle & des oiseaux : elle leveroit très-bien à nû sur une éponge, ou de la mousse humides : il suffiroit donc de la couvrir de deux ou trois lignes de terre, si celle du semis étoit forte & quelque-peu argileuse ; on pourroit l'enfoncer jusqu'à un demi-pouce dans une terre meuble, douce, légere & mêlée de beaucoup de terreau.

Elle doit être peu enfoncée en terre.

La graine du Mûrier franc est préférable, pour semer, à celle du Mûrier sauvage ; qui est plus menue & dont la mûre en contient moins. Le plant provenu de cette derniere graine est souvent plus noueux, pousse plus lentement & n'est pas d'une aussi belle venue, que celui qui provient de la mûre franche & de belle espéce.

Choix de la graine de Mûrier.

Un Amateur d'agriculture, qui connoît très-bien cette partie-ci, m'a assûré que les semences des grosses mûres blanches du Mûrier d'Eſpagne, produiſent un plant dont la feuille large & peu découpée approche beaucoup de celles des Mûriers francs & qui, par cette raiſon, n'auroit pas beſoin d'être greffé : ce qui ſeroit un grand avantage ; car quoique ces arbres, non greffés, fuſſent auſſi tardifs à pouſſer que le ſauvageon ordinaire, ils donneroient plus de feuille, & dureroient probablement tout-au-tant.

Ancienne façon de ſemer.

On ne faiſoit autre-fois aucun apprêt à la graine de Mûrier, pour la ſemer ; on prenoit ſeulement d'une main une poignée de mûres fraîches, au tems de leur chûte (qui arrive vers la fin de Juin) on en frottoit des bouts de vieille corde, juſqu'à ce qu'ils fuſſent couverts d'un enduit de ce mare écraſé : il n'y avoit plus qu'à enterrer légérement la corde dans la raie d'une planche de Jardin, qu'on traçoit & qu'on alignoit en tendant la corde même. En ſemant de cette façon, plus ſimple, plus expéditive, & peut-être auſſi bonne que celle dont on uſe à préſent, on avoit cet avantage, que si la corde étoit de chanvre (plutôt que de Jonc ou de Tille) elle tenoit lieu de fûmier au plant, lorsqu'elle venoit à pourrir, & qu'une fois imbibée, elle entretenoit plus long-tems l'humidité autour des racines, ou des chevêlus qui la pénétroient.

La façon de semer d'aujourd'hui est différente & pour le tems & pour l'apprêt qu'on fait à la graine.

Tems de semer.

Nos Jardiniers attendent pour semer le Printems d'après qu'ils ont ramassé les mûres ; afin que le plant qui en naîtra, ait plus de tems pour croître & pour s'aoûter avant que l'hiver arrive : ils sement vers la fin d'Avril, lorsque le plus grand danger des gelées est passé ; & s'il survient des froids dans la suite, ils couvrent leurs planches de bonne-heure, au moyen des paillassons, ou d'une legere couche de fumier.

La graine de Mûrier se conserveroit bien mieux, depuis le tems où on la recueille, jusqu'à celui où elle est mise en terre, en la laissant dans la mûre, qu'on auroit bien faite sécher avant de la ſerrer : cependant comme elle tiendroit de cette façon trop de volume, ſoit dans les endroits où elle eſt gardée, ſoit dans les envois qu'on en fait ; & qu'il eſt d'ailleurs plus commode de la ſemer lorſqu'elle eſt nette & en grain ; on la ſépare, tandis qu'elle eſt fraîche, d'avec la chair, ou la pulpe de la mûre, de la façon ſuivante.

Lavage de la graine de Mûrier.

On remplit de ce fruit bien mûr, un panier qu'on plonge à différentes repriſes dans un cuvier plein d'eau : on y écraſe à meſure les mûres, en les ſerrant à poignées ; la graine ſe détache par-là de ſes enveloppes : l'immerſion la fait précipiter au fond du panier (dans lequel elle nâge avec la mûre,) & de-là au fond du baquet. On ſuppoſe que le panier eſt tiſſu de façon à retenir le marc principal du fruit & à donner un libre paſſage à la graine. Pour nettoyer celle qui eſt au fond du vaiſſeau, on en verſe l'eau par inclination ; & l'on réitére deux ou trois fois ces lotions, juſqu'à ce que la graine ſoit nette : il n'y a plus qu'à l'éparpiller à l'air ou à l'ombre pour la ſécher ; de peur qu'en la ſerrant avec un reſte d'humidité. , elle ne contractât quelque moiſiſſure, qui lui ſeroit nuiſible.

La graine de mûrier, qu'on ſeme, un ou deux ans après l'avoir recueillie, a beſoin pour mieux germer d'être humectée, immédiatement avant de la mettre en terre. On la fait tremper environ vingt-quatre heures ; après quoi on la laiſſe eſſorer, pour qu'elle coule mieux dans la main en la répandant. Un trempis d'eau de fumier, ou de quelque leſſive de chaux ou de cendre, eſt préférable à l'eau pure, pour faire développer le germe; ſur-tout, quand il eſt animé par une douce chaleur ; & qu'on expoſe au ſoleil le vaiſſeau où la graine trempe.

Autre apprêt de la graine de Mûrier.

Le quarré de terre où l'on doit ſemer n'a pas moins beſoin d'être préparé, que la graine elle-même : on a dû le fouiller, l'amander même, s'il en a beſoin, avec du crotin de Brebis, ou de Ver à ſoie ; & le laiſſer enfin repoſer quelques mois d'avance.

La manière de diſpoſer le terrein pour recevoir la ſemence, eſt relative

Diſpoſition du terrein.

à la façon dont on l'arroſe. Dans les pays ou l'arroſement ne ſe fait qu'à la main, pour les plus grands Jardins, on dreſſe le terrein par planches, unies au rateau & larges d'environ deux pieds & demi. Dans cet eſpace, on trace au cordeau, ſelon la longueur de la planche, ſept-à-huit raies pour y répandre la graine : ces raies, qu'on creuſe avec la main, ou avec le bout d'un petit ais, doivent être paralléles, profondes d'un travers de doigt, larges de deux pouces, & diſtantes de quatre pouces l'une de l'autre.

Par cet arrangement, qui coûte peu de peine, on peut, non-ſeulement arracher facilement les mauvaiſes herbes, qui croîtroient dans le ſemis ; mais lui donner encore quelques petits labours, en béquillant entre les rayons avec la ſerfouette.

On s'y prend différemment dans les Jardins à portée d'un Puits-à-roue, ou d'un grand réſervoir, dont on peut conduire l'eau par des rigoles juſqu'au pié des plantes & les arroſer par immerſion : on diſpoſe alors le terrein par ſillons, dans leſquels on introduit l'eau de la rigole & qu'on inonde l'un après l'autre.

Nos Jardiniers qui arroſent de cette derniere façon dreſſent à la Houe (*a*) les ſillons de leur ſemis, & les dirigent du Levant au Couchant, autant qu'il eſt poſſible; ils mettent en ados le *billon*, ou l'éminence qui eſt entre deux ſillons, en ſorte que le côté du billon qu'on ſeme & qui fait face au Midi, en s'élevant un peu vers le Nord, ait environ dix pouces de largeur; & que le revers qui eſt plus eſcarpé, ou moins incliné, ne s'éleve que de cinq ou ſix pouces.

Au lieu de ſemer l'ados en plein, comme il eſt d'uſage; on feroit beaucoup mieux pour faciliter les cultures, d'y répandre la graine par raies, ou par rangées eſpacées d'environ trois pouces : il n'en pourroit tenir que deux ſur un ados; la plus baſſe ſeroit à quatre pouces du fond

(*b*) Outil de Jardinage, appellé en Languedocien, *Aïſsâdo-Ihardiniêiro.*

du, ſillon où le Jardinier doit trouver un paſſage, ſans fouler le jeune plant qui ſe trouveroit ſur ſes pas: car dans les planches ſillonnées, il n'y a point de ſentier marqué, pour aborder aux plantes où l'on auroit affaire.

Manière de ſemer.

En ſemant dans la raie, dont le fond eſt plat, on répand la graine le plus uniformément qu'il eſt poſſible : ſi la terre eſt bien meuble ou bien briſée, on recouvrira ſuffiſamment la ſemence en y paſſant le plat de la main à pluſieurs repriſes, ou un brin de balais, ou bien un petit rateau dont les dents menues & ſerrées n'ayent pas plus d'un pouce de longueur ; on en dirige le mouvement ſelon la longueur de le raie, afin que la graine ne s'écarte pas trop au-de-là.

Les Mûriers qu'on a ſemé dru comme du Chenevis, s'étiolent ou s'élancent de même, ſans brancher le long de la tige : celle-ci, qui met preſque tout en hauteur & très-peu en épaiſſeur, devroit prendre cependant la groſſeur du doigt, ou environ, avant d'être tirée du ſemis : il faudroit

droit pour cet effet que les plants fuſſent eſpacés d'environ un travers de doigt, afin de pouvoir grossir & s'étendre ſans être trop gênés. Ces menues attentions ſont néceſſaires lorſqu'on a peu de graine & qu'on la veut mettre tout à profit : autrement il n'y a pas d'inconvénient à ſemer dru ; pourvû que quinze jours, ou un mois après que la graine a levé, on épluche le ſemis, en arrachant ce qu'il y a de plus menu, ou de chetif ; afin que le reſte puiſſe mieux profiter.

La graine ſéche d'une ou de deux années, ne leve que dans une douzaine de jours, plus ou moins, ſelon qu'elle eſt ancienne, & qu'on l'a faite tremper avant la ſemaille, ou qu'elle a été ſervie enſuite par les chaleurs & les arroſemens : celle qui eſt fraîche, leve dans ſept-à-huit jours & plutôt encore, ſi on l'a faite auparavant un peu fermenter dans la mûre.

Le plant qui en provient, appellé *pouréte*, reſte deux ans dans le ſemis, où il prend la taille, & la groſſeur requiſe pour être mis en Pépiniere.

Culture de la pouréte.

Le travail qu'il y a à faire dans cet intervalle, c'eſt d'arroſer fréquemment & plutôt le ſoir que le matin, dans les tems de chaleur ou de ſéchereſſe, de ſarcler ou arracher les mauvaiſes herbes, & de ſerfouir enfin trois ou quatre fois dans l'année, entre les rayons & tout près du plant; pourvû qu'on n'arrache pas celui-ci, il ne faut pas craindre d'ailleurs de couper, ou de déranger quelques racines, qui n'en prendront que plus de vigueur; ou qui en pouſſeront de nouvelles.

Ce que nous diſons ici des racines coupées, doit avoir lieu, à plus forte raiſon, pour les labours plus en grand, qu'on donnera dans la ſuite à la Pépiniere, & aux Mûriers plantés à demeure.

La pouréte croît dans un an d'environ un pié : elle s'éleve de trois, ou quatre au bout de la ſeconde année, ou elle acquiert au bas de la tige la groſſeur du pouce : mais il a fallu pour cela l'avoir coupée rez-terre après la premiere année : cette opération, qu'on fait vers le milieu, ou la fin de Février donne à la racine de nouvelles forces & fait pousser des jets plus vigoureux : mais il est moins question du jet dans le semis, que de la racine, qui doit y grossir & s'y fortifier.

On arrache tout dans le semis, après deux années ; & on le fait sans autre instrument que les mains, qu'on arme, s'il y a trop à faire, de gants ou d'un morceau de grosse toile, pour les garantir des ampoules, ou des écorchures, qu'on y occasionneroit en tirant & en empoignant le brin. Arrachis de la pouréte.

Il faut séparer la pouréte trop menue, ou le fretin, qui n'auroit au bas de la tige, que la grosseur d'un tuyau de plume à écrire, ou au-dessous, pour le planter à part : ce qu'il y a de plus gros, est réservé pour la Pépiniere ; mais en attendant que celle-ci soit prête, on enterre par paquets les racines de l'un & l'autre plant, pour les empêcher de s'éventer.

De la Pépiniere.

La Pépiniere qu'on appelle aussi bâtardiere, lorsqu'elle est plantée d'arbres fruitiers ou de foreſtiers, eſt un champ où la pouréte eſt plus au large que dans le ſemis; & dans lequel elle reçoit les dernieres cultures qui doivent la rendre propre à être plantée à demeure.

On ne donne cependant aux plants de la Pépiniere, que l'eſpace néceſſaire pour étendre leurs racines, dans un temsdéterminé;s'ils en avoient au-de-là; il en coûteroit d'avantage, ſoit pour les clorre & les mettre à l'abri de toute inſulte, ſoit pour leur donner les différens labours qu'ils exigent.

Ces labours & les autres cultures de la Pépiniere, tendent à faire croître & groſſir les jeunes plants, dans le plus court eſpace poſſible; & de les rendre ſains, droits & de belle-venue. Les Mûriers qui dans trois, ou quatre années de ſéjour à la Pépiniere, n'ont pas pris l'embonpoint & la groſſeur requiſe, faute de ſoin, ou d'un bon terroir, ne profitent jamais dans la ſuite : ce ſont des plants entichés qui ne ſont bons, tout au-plus, que pour être mis en buiſſon, ou pour former une haie autour d'un champ.

Il faut choisir, autant qu'on le peut, pour la Pépiniere une exposition favorable; telle que celle du Midi, & une terre grasse & limoneuse, qu'on ait défoncée, ou fouillée par tranchées, (*à vala*) trois ou quatre mois d'avance, à un pié & demi de profondeur; & sur laquelle on répand encore, avant de planter, un pouce de bon fumier.

Le champ étant ainsi disposé, les opérations à faire sont: 1°. Aligner & tracer le terrein. 2°. Parer la pouréte. 3°. La planter. 4°. La réceper & l'ébourgeonner. 5°. L'émonder & enfin lui donner les façons convenables.

L'alignement du terrein.

1°. On peut sçavoir d'avance l'étendue que doit avoir la Pépiniere, en la mesurant sur le nombre de piés de pouréte à planter, qu'on a coutume de mettre à deux pieds & demi ou tout au plus trois pieds de distance, en tout sens l'un de l'autre. Cet espace suffit aux racines & à la tige, pour les faire grossir comme il faut pendant le tems qu'il y a à passer dans la Pépiniere.

Pour obtenir aiſément cette égalité de diſtances, d'une pouréte à l'autre; & pour faciliter en même-tems aux ouvriers les labours, il faut tracer au cordeau des lignes, ou des raies eſpacées de trois piés & paralleles : il n'eſt pas beſoin de mailler ces raies, ou de les croiſer par d'autres, qui les coupent aux mêmes diſtances à angles droits : on a plutôt fait, ſoit qu'on plante en échiquier, ſoit en quinconce, d'avoir un bâton coupé de meſure, qui ſervira à marquer la diſtance d'une parallele à l'autre & celles des piés de pouréte, plantés ſur une même ligne.

Apprêt de la Pouréte.

2°. Il n'y a d'autre apprêt à faire à la Pouréte, que de la réduire à une ſeule ſi elle en avoit pluſieurs ; d'accourcir le pivot de celles qui l'auroient plus long, que de ſix à ſept pouces au-deſſous du collet de la racine; & de couper de même le bout des autres racines pivotantes, quoique plus courtes ; pour les obliger à pouſſer des racines latérales, qui ſont plus à portée du bienfait des labours.

Si la pouréte venoit de loin, ſans

avoir été empaquetée dans de la mousse, & que la racine fût éventée, on coupe jusqu'au vif la partie des chevelus, ou des racines qui seroit desséchée : on les met ensuite tremper dans l'eau, quelques heures avant de les mettre en terre.

Plantage de la Pouréte.

3°. Le tems de planter les Pépinieres, est depuis environ le milieu de Février, jusqu'à la fin de Mars : & l'on prend dans cet intervalle un jour, où la terre soit plutôt séche, que trop humectée par les pluyes.

Il y a trois manieres de planter la Pouréte ; l'une à tranchées ; l'autre à la Beche (*a*) ; & la troisième au plantoir, ou à la cheville. Dans cette derniere façon, qui est celle des Jardiniers, qui plantent des choux ou d'autres legumes, les racines des gros plants ne se placent point avantageusement pour s'étendre ; il vaut mieux plan-

(*a*) Cet outil de Jardinage, est une sorte de pelle quarrée, qu'on pousse en terre & qu'on fait mouvoir comme notre louchet ; qui de tous les outils de labour, ressemble e plus à la beche.

ter la Pouréte à la beche, ou au louchet; & l'on s'y prend de la façon suivante.

On enfonce l'outil dans l'endroit marqué; & l'on ſouleve, ou l'on écarte la terre en avant; enſorte que le fer de l'outil, laiſſe derrière lui un vuide, de deux ou trois travers de doigts : c'eſt là-dedans qu'il faut enfoncer la Pouréte, à la profondeur de huit à neuf pouces; de façon que le collet de la racine, ſoit deux ou trois pouces en terre : en retirant la Beche, la terre retombe à ſa premiere place & la Pouréte eſt plûtôt plantée que je ne mets de tems à le dire; il ne manque que d'y pouſſer la terre d'un coup de pié & de voir auparavant, ſi le plant eſt aligné avec ceux de côté, ou de la même file; & s'il répond de même à ceux qui doivent être vis-à-vis, dans les files déjà plantées.

Cette façon de planter la Pouréte dans un champ déjà bien remué, eſt tout auſſi expéditive, que celle qu'on fait à la cheville; & elle l'eſt beaucoup plus, que celle qui ſe fait par tranchées ; elle a les avantages de celle-ci, ſans avoir les inconvéniens de la premiere.

Si l'on eſt à portée d'arroſer la Pépiniere à rayon, ou à rigole ; il faut creuſer un ſillon au pié de chaque file, pour y amener l'eau, après qu'on aura planté : il ſuffit dans la ſuite de le faire de loin à loin & ſeulement dans la ſéchereſſe : car il faut accoutumer le jeune plant, déjà ſevré, à ſe paſſer d'un traitement plus délicat qu'il reçoit dans ſon enfance, & qu'on ne pourra lui procurer, dans un âge plus avancé.

Le récepage.

4°. La Pouréte à déjà été coupée rez-terre, dans la premiere année du ſemis, on la récepe ici de nouveau, & de la même façon, après l'avoir plantée : les Cultivateurs ordinaires s'en tiennent à ce récepage, ſans y revenir ; mais ceux qui ſont plus expérimentés, en font un troiſième & coupent encore le nouveau jet, qui aura pouſſé l'année d'après. On fait à chaque fois cette opération, vers la fin de Février, ou au commencement de Mars ; & toujours avant l'arrivée de la ſéve.

Ce n'eſt pas tout encore : il ſort quelque-tems après du moignon de la plante, pluſieurs bourgeons, qu'il faut garantir des gelées, de la façon qui a été ci-devant indiquée ; & dès-qu'ils ſe ſeront élevés d'un ou deux pouces au-deſſus de terre, il ne faut laiſſer que le plus bas, ou celui qui eſt le plus près du collet de la racine ; quand bien même il ne ſeroit pas le plus beau, & ébourgeonner ſans pitié tout le reſte.

Ces deux opérations répétées deux fois dans la Pépiniere, ſont des plus eſſentielles à la culture de nos Pourétes : & il eſt vrai de dire, qu'en récepant ainſi la tige & ne laiſſant qu'un bourgeon, on ne recule que pour mieux avancer ; puiſque d'un côté, on donne lieu aux racines de groſſir, de ſe fortifier ; & que de l'autre, on force la ſéve à ſe réunir toute entière pour enfiler le même bourgeon ; ce qui contribue à la production d'un plus beau jet, qui deviendra une tige droite, haute & vigoureuſe.

A chaque fois qu'on récepe, on pique en terre près de la ſouche de Pouréte, la tige qu'on a coupé : cette fiche ſert à avertir les paſſans, d'éviter les bourgeons, ſur leſquels on pourroit porter les pieds imprudemment.

5°. Après la troiſième & dernière taille dont nous venons de parler, ou la ſeconde faite à la Pépiniere, on laiſſe prendre l'eſſort au jet, ou à la tige ; & l'on n'y touche plus que pour l'aider à groſſir, ſans ſe courber, ni trop s'élancer. Pour cet effet, on laiſſe croître dans cette année les branches, qui pouſſent tout le long de la tige : ce n'eſt que vers le milieu de Février, de l'année ſuivante,) qui eſt la ſeconde à la Pépiniere (qu'on coupe généralement tout ce qui a pouſſé de côté, à la hauteur ſeulement d'un pié & demi au-deſſus de terre : & ſi un ou deux mois après, on voit repouſſer quelqu'autre choſe, on le retranche dans cette même hauteur. L'émondage à la Pépiniere.

On doit toujours avoir en émondant, une ſerpette bien affilée & raſer le brin au plus près de la tige, ſans y laiſſer de chichot ; ni même d'éminence, ou de boſſe : la playe en ſera plus grande ſur l'écorce ; mais elle ſera bien-tôt refermée & ſe cicatriſera ſi bien, qu'il n'y paroîtra preſque pas dans la ſuite.

Dès le mois de Juillet ſuivant, ou de la ſeconde année, (nous dattons toujours ici du plantage à la Pépiniere) la tige a dû croître d'environ ſix ou ſept pieds : s'il y avoit dans la hauteur de cinq pieds & demi quelque branche gourmande, qui attirât la vertu du brin du milieu, & le fît emporter plus d'un côté que d'un autre, il faut la retrancher ; & laiſſer d'ailleurs toutes les menues branches qu'on a ci-devant épargnées : ces branches en partageant la ſéve, qui ſe porteroit toute vers le haut, ſervent à faire nourrir la partie baſſe & moyenne de la tige ; ce qui l'empêche de ſe courber à la moindre occaſion & de prendre un mauvais pli.

Si malgré le ſoin qu'on aura pris d'émonder à propos, la tige venoit à ſe courber, on l'étaye d'un Tuteur, ou d'un paiſſau fiché en terre : on redreſſe là-deſſus le Mûrier en l'y accolant avec de l'oſier, ou de la paille longue qu'on lie lâchement.

Vers le milieu de Février de l'année ſuivante, qui eſt la troiſième de la Pépiniere, ſi le Mûrier a pris toute ſa groſſeur, on élague toutes les branches le long du pié de l'arbre dans la hauteur de cinq pieds & demi, qui eſt celle qu'on a coutume de donner aux Mûriers de haute tige : l'on ne permet plus qu'il en revienne de nouvelles ; & l'on ébourgeonne à meſure tout ce qui en ſort. Tandis que les bourgeons ſont tendres, il ſuffit d'y paſſer la main de haut en bas ; ou bien d'empoigner la tige avec un morceau de toile, pour ne pas ſe bleſſer la main : en y revenant à deux ou trois repriſes, on rend la tige unie, & rien n'y repouſſe dans la ſuite.

On étête, dans quelques endroits, les Mûriers à la Pépiniere, ou comme on dit, on les couronne lorſqu'ils ont pris la hauteur requiſe : j'ignore les avantages, ou les inconvéniens de cette pratique, dans laquelle on a peut-être en vûe, d'obliger la tige à mettre en groſſeur, ce qu'elle auroit employé à s'élever trop haut ; en ce cas, ce ne ſeroit pas le moyen d'y réuſſir, ſi l'on avoit négligé de prendre ceux que nous avons déjà indiqués : l'arbre poussèroit toujours des scions au haut de la tige & ne grossiroit que médiocrement par le bas.

Nous attendons, pour étêter le jeune plant, le tems où on l'arrache, pour le planter à demeure. On scie alors quarrément, & non en bec de flûte, le haut de la tige, sans y laisser aucun fourchon, ou moignon de branche, dont les bourgeons ne seroient jamais aussi forts, que ceux qui pousseront du tronc même.

Labours à la Pépiniere.

6°. Pendant la quatrième année que les jeunes Mûriers passeront peut-être encore, à la Pépiniere, pour achever de se former, il n'y a point d'autre culture à donner, que celle des labours à la maille (*b*) ou au louchet, qu'on a déjà dû faire les années précédentes.

(*b*) La maille, ou la marre, est l'outil de labour connu sous le nom, *d'Aïssâdo*, dans quelques cantons du Languedoc : son fer plat & triangulaire, fait avec le gros bâton dont il est emmanché, un angle d'environ quarante-cinq degrés.

Dès la premiere année de la plantation il y a trois labours à faire ; l'un vers la mi-Mai ; l'autre vers la mi-Juillet ; & le dernier au commencement de Septembre. Dans les années ſuivantes, on ajoute à ces trois labours un quatrième, pour le milieu de Février : on les avance, on les recule ſelon la ſaiſon : il n'y a guere que le premier qui doive être un peu profond ; les trois autres ne ſont proprement que des binages qui enfoncent de cinq, ou ſix pouces ; c'eſt plus que ſuffiſant pour détruire les mauvaiſes herbes, donner de la fraîcheur aux racines, diviſer les molécules de terre, & en expoſer les différentes parties à l'eau des pluyes, à l'humidité des roſées & à tout ce qu'il y a de favorable à la végétation.

Produit de la Pépiniere.

Nos Cultivateurs conviennent que ſur une Pépiniere de mille Mûriers, formée dans un terrein convenable, cultivée de la façon qu'on vient de dire, & à laquelle il ne ſoit rien arrivé de fâcheux ; on pourra en tirer deux ans & demi après le plantage, une centaine d'arbres, en état d'être plantés à demeure; & qui auront au bas de la tige environ sept pouces de circonférence : un an après ce premier arrachis, on en tirera trois cent cinquante ; & l'année suivante cinq cent, de la même force, ou de même grosseur. En dépeuplant ainsi d'année en année la plantation, ce qui reste, profite du vuide qui s'y est fait : les Mûriers tardifs étant plus exposés à l'air & avec plus d'espace pour étendre leurs racines, grossissent beaucoup plus qu'ils n'auroient fait sans cela.

Il paroît de-là que dans environ quatre années & demi, on tirera de la Pépiniere en question, environ 950 Mûriers, propres à être plantés : quand il n'y en auroit que 8 à 900 & que le reste fût foible, menu, noueux, courbé, ou rachitique ; il est aisé de le rendre de bon service, de lui donner même une nouvelle vigueur en ravalant sa tige ; comme on le verra à l'article des Mûriers en buisson.

Arrachis de la Pépiniere.

En arrachant de la Pépiniere, les Mûriers qu'on destine à la plantation, on on prendra garde de ne pas meurtrir avec l'outil la partie des racines qu'il faut y laiſſer : ſi l'on pouvoit les conſerver entieres avec leurs chevelus, il n'eſt pas douteux que l'arbre qu'on planteroit ne fût plutôt venu ; mais cet avantage coûteroit bien des peines & un long travail, dont on ne ſeroit pas à beaucoup près dédommagé.

On ne laiſſe aux Mûriers qui doivent être tranſportés loin de la Pépiniere, que ſept à huit pouces de groſſes racines, pour en faire plus commodément des paquets : il faut leur donner un pié au moins de longueur, lorſque le champ de la plantation eſt à portée de la Pépiniere. Pour cet effet, on creuſe à la pioche & encore mieux au loucher [*a*], une tranchée circulaire à quatorze, ou quinze pouces loin de la tige, ſans toucher à la motte du milieu, qui ne ſe briſera qu'en tirant l'arbre. A meſure que l'ouvrier rencontre une racine, il la coupe d'un

(*a*) Sorte de beche étroite fort en uſage en Languedoc.

coup de la panne tranchante de ſa pioche ou avec une ſerpette, qui détache ſans meurtrir : tout étant coupé, on dégage facilement l'arbre en l'ébranlant dans différens ſens ; à moins qu'il ne reſtât un pivot par-deſſous, dont on ſe débarraſſe encore avec la ſerpette, après avoir couché la tige ſur le côté.

Avant de finir cet article on ſe rappellera, qu'en arrachant le ſemis, on a mis à part de la belle Pouréte ; tout le fretin ou ce qui étoit trop menu, pour être mis en Pépiniere : ceux qui veulent le profiter, le plantent par rangées dans un coin ſéparé ; juſqu'à ce qu'il ait pris la taille ordinaire de la Pouréte : on met chaque brin à trois, ou quatre travers de doigts l'un de l'autre. Ce plant ayant peu de racines demande peu de façons : on ſe ſert du plantoir pour faire le trou où cette Pouréte doit être placée ; & l'on bouche le trou d'un coup du même inſtrument donné à côté. Il n'y a plus qu'à couper le brin rez-terre & lui donner les autres cultures qui ont été ci-devant rapportées.

Du Plantage à demeure & des labours des Mûriers de haute tige.

Les Mûriers de tige, ou de haute tige, font ceux dont la tête, ou les branches font assez hautes pour être hors de la portée du bétail; & furtout des Chévres, qui s'élevant fur les pieds de derrière, brouttent les jets de Mûrier, dans le tems même qu'ils ont quitté leurs feuilles. On donne cinq pieds & demi de tige hors de terre, aux Mûriers qui feroient expofés à la dent vénimeufe de ces animaux, ou qu'on voudroit, fans cela, labourer commodément à la charrue. Mais quelque hauteur qu'on donne à la tête du Mûrier, on ne le garantit pas entièrement, à moins de l'encager avec des épines, fi les boucs peuvent y aborder: cet animal vorace attaque les jeunes tiges, il en déchire l'écorce dont il détache de longues lanieres, lorfque l'arbre eft en féve. Hauteur du plant.

C'eft une ancienne maxime d'Agriculture confacrée dans un proverbe Ita- Sa groffeur.

lien (*a*), que le plus gros plant de Mûrier eſt auſſi le meilleur pour planter à demeure ; pourvû qu'il ſoit de belle venue, & qu'il n'ait point vieilli dans la Pépiniere ; au quel cas il doit avoir au bout de quatre ou cinq années vers le milieu de la tige, ſix ou ſept pouces de circonférence ; en ſorte qu'on ne l'empoigne qu'avec peine, entre le pouce & le doigt indice : c'eſt une preuve ou un préjugé favorable que l'arbre a pris dans la Pépiniere une conſtitution vigoureuſe, qu'il portera dans la plantation.

D'un autre côté on juge qu'un Mûrier de cette groſſeur, doit être jeune & de belle venue, lorſque l'écorce en eſt rouſſe & légérement raboteuſe par les écailles détachées de ſon épiderme, ſans être d'ailleurs crevaſſée, comme celle des plus vieux arbres. Les Mûriers de la groſſeur de ceux dont nous parlons, qui ont l'écorce liſſe & griſâtre, ont ſûrement vieilli

(*a*) Se vuoi ingannare il tuo vicino, pianta il Moro grande, il Fico piccolino è letama il tuo prato à ſan Martino.

dans la Pépiniere, où ils ont été négligés : en les étêtant, on trouve les couches ligneuſes du cœur de la tige, ou au-deſſous de l'aubier, de couleur brune : ce ſont des plants entichés dont il eſt difficile de tirer un bon parti dans la ſuite.

Les Mûriers les mieux conſtitués, qu'on ſévre trop-tôt de la Pépiniere, lorſqu'ils ne ſont encore que de la groſſeur d'un bâton, ou qu'ils n'ont que trois ou quatre pouces de circonférence, réuſſiſſent difficilement ; à moins d'être plantés dans un champ auſſi gras & auſſi bien cultivé, que celui qu'ils viennent de quitter. D'ailleurs ces petits plants occupent longtems la terre à pure perte, étant plantés à l'ordinaire à de grandes diſtances, que les racines n'occuperont qu'après bien des années.

Ces diſtances ſe réglent ſur le fond que la terre peut avoir & ſur ſa fertilité. Lorſqu'on plante tout un champ en allées & en quinconce, on met d'ordinaire dans un terrein gras, quatre toiſes d'un Mûrier à l'autre ; & deux

Diſtance d'un plant à l'autre.

ou trois, pour celui qui ſeroit maî-gre, ou de peu de fond : les branches des uns & des autres, ne viendront à ſe toucher dans cet éloignement, que vers le tems de leur plus grand rapport, après lequel ils ne croiſſent plus guere : les racines ſe toucheront de même ſans ſe nuire ; parce qu'elles ne pouſſent plus que foiblement, quand l'arbre a pris ſa croiſſance & qu'il eſt ſur le retour.

On pourroit ſerrer beaucoup plus les Mûriers dans tout autre terrein & avoir de bonne-heure un plus grand produit, ſi l'on n'en feſoit qu'une ſimple bordure au tour d'un champ où les racines puſſent s'étendre par les côtés : il y a auprès de Lédignan une file de pareils Mûriers fort gros & en bon état, qui n'ont cependant qu'environ un pié de l'un à l'autre.

Qualité du terrain.

Je n'ai point apperçu de différence bien ſenſible dans la force ou le produit des Mûriers, pour être plantés dans une terre, ou forte, ou legere : de quelque qualité qu'elle ſoit, ſi d'autres végétaux y ont bien pouſſé, les

Mûriers y viendront bien de même ; mais ceux des terres fortes demanderont plus de culture, que ceux des terres legeres & limoneuses (*b*) ; il en

(*b*) Le terme de *Limon*, est équivoque dans son acception ordinaire. On le prend plus communément pour une terre fine qu'a déposée l'eau trouble ou bourbeuse d'un torrent, ou d'une Rivière, dont les Alluvions se sont étendues dans le voisinage de leurs lits. Les ravines qui y aboutissent, y entraînent le Limon ; & l'on ne peut juger de la nature de celui-ci, que par celle des terreins par où les ravines passent, & sur tout par la nature des rochers que ces terreins renferment : car le grain de terre suit le rocher qui l'avoisine & en est, ou la base, ou la décomposition : si le terrein qu'amene la ravine est ou talcqueux, ou graviteux, tel que l'est celui des Cévenes, le Limon sera leger & de la meilleure qualité, comme celui du Gardon : si les ravines traversent des terreins ou calcaires ou argileux, tels que ceux qui contiennent des marbres, ou d'autres rochers de la nature des pierres à chaux, ou qui en approchent, le Limon sera une terre forte, compacte & le plus souvent ductile, telle que celle que le Rhône dépose dans les plaines, qui avoisinent son embouchure. Le Limon enfin tiendra plus ou moins de la nature des différens terreins,

faudra plus encore aux terreins exposés à la sécheresse, qu'à ceux qui seront frais & plus ou moins humectés.

Cependant si les Mûriers sont trop près des Marres, ou de toute autre eau croupissante; les racines qui y aboutissent risquent de se gâter & l'arbre de périr : c'est ce que j'ai vu arriver bien des fois à des Mûriers plantés dans un pareil voisinage, & il ne me paroissoit pas qu'on pût attribuer cet accident à quelqu'autre cause.

Son exposition.

Les Mûriers réussissent bien, toutes choses d'ailleurs égales, dans toute sorte d'exposition : mais ceux qui sont plantés dans des fonds & au voisinage des Rivières, sont sujets à être brouis par les petites gelées qui arrivent par un tems calme. Aucontraire si le vent du Nord souffle & que le froid augmente, la gelée desséchera les bour-

selon que les branches de la Rivière en auront été à portée, ce qui est plus ordinaire & il y a peu de Limons qui ne soient composés, ou qui soient d'une seule & même nature.

geons (*c*) des Mûriers plantés ſur les hauteurs ; & n'épargnera dans les fonds & ſur la plaine, que ceux qui auront été à couvert des plus grands coups de la biſe. Ainſi il n'y a guere d'expoſition qui garantiſſe entièrement la feuille de Mûrier de la gelée,

(*c*) Une petite gelée d'un ou de deux degrés au-deſſus de zéro du Thermométre de Reaumur, jointe à la roſée qui eſt plus abondante auprès des Rivières, tue les bourgeons des Mûriers ; le même degré de gelée ne leur nuit pas, ſi elle eſt ſéche : mais ſi elle devient plus forte, ou de trois, ou quatre degrés au-deſſous de 0, comme nous l'avons vû cette année 1763, (ce qui eſt cependant très rare au tems de la pouſſe) elle brouira ſans retour, quoiqu'elle ſoit ſéche, les tendres bourgeons des Mûriers, qui manqueront d'un bon abri.

Il reſte cependant alors une reſſource dans des germes de bouton, tout pareils aux contre-coſſons de la Vigne, qui a été expoſée au même accident ; ces germes ne ſe développent de même dans le Mûrier qu'au défaut du bourgeon principal. Ces boutons ſecondaires, qui ſont ſitués aux côtés de celui qui a péri n'en reparent qu'en partie la perte ; la recolte de feuille eſt & plus tardive & moins abondante.

que elle d'un terrein ſec & à un bon abri.

Je remarquerai ici un autre inconvénient qui réſulte de certaines expoſitions. Il n'y en a pas de plus propre pour faire étioler ou élancer les arbres, que le fond d'un vallon étroit, le pied d'une haute Colline eſcarpée & tournée au Nord ; ou bien une Cour, ou un Jardin reſſerrés par des Bâtimens, & peu expoſés au vent & au Soleil. Les Mûriers ne pouſſant dans ces expoſitions que des branches gréles & peu proportionnées à leur exceſſive hauteur, il n'y auroit pas de sûreté pour les Cueilleurs d'y grimper ; ils abandonnent en conſéquence une partie de la feuille, où ils ne pourroient atteindre ſans un peril manifeſte.

Si l'on n'a pas d'expoſition plus favorable, il faudroit eſpacer d'avantage les Mûriers qu'on y plante, ou éclaircir ceux qui le ſont déjà & ravaler, à une hauteur qui fût acceſſible, les branches de ceux qu'on y laiſſeroit.

Le Mûrier reprend aiſément dans toutes ſortes de ſaiſons ; pourvû cependant qu'on choiſiſſe pour le planter, celle où il vient de quitter ſes feuilles & qu'on prévienne le tems où il en reprendra de nouvelles. J'ai planté des Mûriers en ſéve qui avoient même déjà pouſſé des bourgeons ; ils reprirent bien ; mais ils furent long-tems languiſſans.

La vraie ſaiſon du plantage eſt la fin de l'Automne, ou le commencement de l'Hyver : quoique dans cette dernière ſaiſon, la ſéve (*d*) ſoit engour-

(*d*) Le corps du Mûrier contient deux ſortes de ſucs ſenſibles ; le premier qui a la blancheur & la conſiſtance du lait, paroît ne ſortir que des couches corticales, d'où on le tire en tout tems, même pendant la gelée : il ſe montre ſur les entailles faites à l'écorce, en de petites gouttes ſans ſe répandre au-dehors. L'autre ſuc, qui eſt la ſéve proprement dite, eſt un fluide aqueux comme les pleurs de la Vigne ; il coule abondamment au tems de la pouſſe ; ſoit des playes qui pénétrent dans le corps ligneux des jeunes branches ; ſoit de celles qui ne font qu'entamer l'écorce juſqu'à l'aubier. Ces deux ſortes de ſucs ſe trouvent mêlés & confondus au bout du pédicule d'une feuille vigoureuſe, qu'on a arrachée dans le tems de la pleine ſéve.

die dans la tige ; la racine, placée dans une température plus douce, ne laiſſe pas de reprendre & de ſe nourrir, au moins dans l'intervalle des gelées ; par-conſéquent en la mettant en terre de bonne-heure, elle ſe fortifie & ſe met plus en état de fournir des ſucs à la tige & de la faire pouſſer au retour du Printems. Auſſi les bons Agriculteurs qui ont des plantages conſidérables à faire, s'y prennent aſſez à tems pour les finir, autant qu'ils peuvent, dans tout le mois de Décembre.

Des trous de Mûrier.

On a dû ouvrir avant ce tems les foſſes ou les trous, qu'on a marqués & alignés d'avance dans le champ de la plantation. Cette diligence eſt plus néceſſaire, ſi l'on a à planter dans des terreins incultes, d'une médiocre bonté, ou qu'on juge tels par leurs productions, qui ſont toujours la meſure de la fertilité d'un champ. La terre crue & ſtérile du fond du trou étant par le moyen de la fouille expoſée à la gelée, à la pluye & aux autres influences de l'air, aura le tems de ſe diviſer, de ſe fertiliſer & de devenir propre au plant qui doit y croître.

La profondeur des trous doit être mesurée de façon que l'outil dont on se servira pour fouiller ou façonner la terre du pié de l'arbre, atteigne jusqu'au près des racines, & effleure le dessus des plus hautes. Les arbres plantés trop bas, ne sont pas à portée de tout le bienfait des labours, ou de la fraîcheur qu'ils procurent aux racines : ils languissent en conséquence à moins qu'ils n'ayent quelqu'autre ressource.

Leur profondeur.

C'est ce qu'ignorent sans doute ceux qui donnent aux trous, dont nous parlons, deux *pans*, ou un pié & demi de profondeur; en sorte que les plus hautes racines du Mûrier qu'on y plante, sont à treize ou quatorze pouces de la surface du terrein & qu'il s'en faut de cinq à six pouces, que les labours ordinaires n'y atteignent. On fait très-bien de fouiller le trou à un pié & demi : mais il ne faudroit le creuser que de quatorze, ou quinze pouces, & en couvrir encore le fond, d'un ou deux pouces de bonne terre, avant d'y établir le jeune plant; afin que les plus hautes racines ne fussent enfoncées que de huit à neuf pouces, c'est-à-dire, d'environ un pouce au-de-là de la longueur des outils ordinaires, avec lesquels on laboure à bras.

Leur largeur.

A l'égard de la largeur du trou; on la régle différemment selon la nature du terrein : dans celui qui est doux, limoneux & leger, il suffit de donner au planteur l'espace nécessaire, pour manœuvrer en liberté, lorsqu'il arrange au fond du trou les racines : dans les bons fonds des Cévenes on fait de petites fosses d'un, ou de deux piés de largeur ou les Mûriers font des prodiges.

Mais si l'on plante dans une terre forte, dans celles qui sont entassées, ou qu'on n'a jamais défriché & enfin dans les terreins d'une fertilité médiocre, il est bon de faire les trous d'environ une toise de largeur en tout sens, pour donner aux racines la facilité de pousser & de s'étendre dans une terre perméable; ce qui leur est plus nécessaire, la premiere année de la plantation où l'on peut présumer qu'elles ont moins de force pour s'insinuer entre les molécules de terre, trop compactes & difficiles à diviser. Il est indifférent, au reste, que le trou soit rond ou quarré : la premiere de ces deux formes coutera moins de travail; c'est d'ailleurs celle que les racines prennent au tour de la tige.

Attention en creusant le trou.

Il faut observer encore, que dans les terreins qui n'ont jamais été mis en valeur, tels entre autres que les bois, les landes, qu'on défriche pour la premiere fois : la surface en est à quelques pouces de profondeur noirâtre, par les débris des végétaux pourris qui s'y sont entassés : en fouillant les trous, un Planteur soigneux met à part cette terre végétale, qui est une espéce d'engrais; qu'on employera à couvrir les racines de l'arbre & à former la couche sur laquelle on le placera.

Nous supposons qu'on a étêté le plant, en le tirant de la Pépiniere : avant de le mettre dans le trou, il faut traiter ses racines, comme on l'a déjà vû pour celles de la Pourete, c'est-à-dire, que si depuis l'arrachis jusqu'au plantage, les racines ont long-tems été exposées à l'air, il faut emporter avec la serpette ce qui déborderoit trop du pivot, ce qui est flétri ou desséché, ce qui a été meurtri, ou violemment tordu, & rafraîchir même les bouts qui seroient exempts de ces défauts : c'est par ces bouts nouvellement coupés, que les racines pousseront de nouveaux chevelus, qui s'y formeront entre le bois & l'écorce [*e*].

Maniere de planter.

Le plantage du Mûrier se fait à-peu-près comme celui des autres arbres. Celui qui l'exécute, assied le plant sur deux ou trois travers de doigts de bonne terre, & se fait aider par quelqu'un qui tienne la tige debout & dans l'alignement, tandis qu'il tire de cette même terre qu'il a mise à part pour en couvrir les racines. Il commence par les plus basses, entre lesquelles il ne laisse aucun vuide; & s'il ne peut les remplir autrement il oblige la terre d'y

(*e*) La séve fraîche qui aborde dans cette partie s'y épaissit, se durcit, se couvre d'écorce ; & c'est du nouveau bourlet que forme celle-ci, que les chevelus poussent.

couleur

couler au moyen de quelque legere ſacade qu'il donne au plant. Il couvre de même les racines ſupérieures ; & à meſure que la terre qu'il jette dans le trou s'éleve, il diſpoſe les racines qui ſont à cette hauteur, dans une ſituation horiſontale : il en fait de cette façon différens étages ; ſur chacun deſquels il applique la terre, en la preſſant avec la main.

Il eſt aiſé de voir que pour faire cette opération à propos, la terre doit être meuble & bien épierrée, pour s'inſinuer mieux dans les vuides ; c'eſt pour cela qu'on ne ſçauroit planter, dans celles qui ſont fortes & argileuſes, lors qu'une longue pluye les a trempées ; elles ſe corroyent en les foulant, ou en les remuant & forment une pâte qu'on pourroit abſolument appliquer intimement ſur les racines, mais que celles-ci ne perceroient qu'avec beaucoup de peine, pour ſe prolonger au-de-là.

Il vaut beaucoup mieux pour le plantage, que la terre ſoit trop ſéche, que ſi elle étoit dégouttante d'eau ; au moins faut-il attendre qu'elle ſoit eſſorée. Dès-que tout eſt couvert, le Planteur piétine tout le tour du plant; il y répand enſuite un, ou deux pouces de fumier, ſi la maîgreur du terrein l'exige: enfin il acheve ſans autre façon de combler le trou avec la terre commune, qu'il avoit jetté de côté en le creuſant.

A quelle étendue il faut défoncer.

Les arbres étêtés pouſſant d'abord très-peu de racines, celles de nos nouveaux plants n'iront pas à beaucoup près, la premiere année, aux bords des trous qui auroient une toiſe de largeur; & ce ſeroit preſque à pure perte, qu'on défonceroit ou qu'on défricheroit au-de-là, d'abord après le plantage: la terre auroit le tems de s'affaiſſer & de ſe durcir, avant que le bout des racines y fût parvenu. Il vaut mieux ne défrîcher que quelques pieds de terrein d'année en année, tout autour du trou, à fur & à meſure de la pouſſée des branches & des racines, juſqu'à ce que tout le champ de la plantation ſoit entierement fouillé: par ce moyen les racines trouvant toujours en s'allongeant de la terre meuble, ou nouvellement remuée, la pénétrent ſans peine & attirent à elles beaucoup plus de ſucs nourriciers.

On effondre à chaque fois la terre par tranchées, en donnant un ou deux traits de loucher, ou deux piochées qu'on jette de côté avec la pelle & qui pénétrent auſſi avant que la fouille du trou, c'eſt-à-dire, à un pié & demi de profondeur. Si les différentes fouilles n'alloient pas auſſi bas, beaucoup de racines ſe trouveroient barrées dans leur chemin; d'autres s'éleveroient vers la ſurface remuée & ſeroient expoſées à être maltraitées par les outils des manœuvres.

Les façons à donner.

Le travail dont nous venons de parler, ne diſpenſe pas de celui des labours, ou des façons, qui ne vont pas auſſi avant que la fouille par tranchées: il ſuffit d'en faire deux par an aux terres fortes, ou argileuſes; l'un, au mois d'Avril, ou à la premiere ſéve; l'autre, qui n'eſt qu'un binage, ſe fait d'abord après la cueillette de la feuille, pour favoriſer le ſecond rejet qui ſe fait en Eté. Le Mûrier a besoin d'être aidé dans cette dernière saison, où la longueur des scions qu'il aura poussé, décide de la quantité de feuille qu'on recueillera l'année d'après.

Les Mûriers plantés dans des terreins maigres, crayeux, sablonneux & trop legers, ont besoin, au moins dans les premieres années, d'une troisième façon, ou d'être rebinés à la fin de Juillet, ou au commencement d'Août, pour se préserver de la sécheresse. On peut assûrer contre le préjugé vulgaire, que les différens labours qui sembleroient devoir épuiser cette sorte de terrein, en favorisant l'évaporation de son humidité; lui procurent, au contraire une fraîcheur, qui empêche l'arbre de languir & de s'abougrir.

La fraîcheur communiquée à l'arbre, ou à ses racines, est le principal bienfait qu'on tire des labours; en sorte qu'ils deviennent presque inutiles dans un terrein naturellement humide; les Mûriers y réussissent tout aussi-bien; quoique la terre n'y soit jamais, ou que bien rarement remuée: tels sont ceux qu'on voit dans certaines Prairies, dans lesquelles on doit compter à-peu-près pour rien le petit cercle de labour qu'on fait au tour de la tige & où l'on ne permet point à l'herbe de croître; puisque ce cercle n'a que trois ou quatre pieds de diametre; tandis que les racines, ou les chevelus, au bout desquels sont les succoirs, s'étendent à trois ou quatre toises au-de-là.

Tels sont encore les Mûriers qu'on voit vieillir & devenir fort beaux, dans de petites cours pavées où les racines ne peuvent même s'étendre qu'au-dessous des fondations des maisons, ou sous les rues : il est vrai, qu'outre la fraîcheur que les pavés & l'ombrage des bâtimens servent à entretenir, les racines profitent encore de l'égoût des boues, des fumiers & des lavures nîtreuses des murs, qui font un excellent engrais.

A l'égard des Mûriers des Champs, qui risqueroient de s'abougrir par la mauvaise qualité du terrein; il faut les en garantir & corriger ce défaut; non-seulement par les fréquens labours, mais encore en fumant, en amendant, comme nous le verrons ailleurs. Ces ſoins ſont plus néceſſaires dans le commencement de la plantation, pour former la tête de l'arbre & lui donner la vigueur dont il eſt ſuſceptible : s'il étoit négligé dans ſa jeuneſſe ; il ne reſteroit enfin d'autre moyen de le rétablir, que de l'étêter ; ce qui ſeroit à recommencer comme s'il venoit d'être planté.

Nous avertirons ici que les Mûriers tombent dans le dépériſſement, ou dans la langueur, lorſque par une œconomie mal entendue, on ſeme pardeſſous ; ſoit du bled, ſoit des légumes & qu'on les y laiſſe Mûrir : & parmi les légumes, les Ers ſont, dit-on, ceux qui épuiſent le plus la terre. Ce voiſinage, nuiſible en tout tems, à nos Mûriers, eſt plus capable de les enticher pendant leur jeuneſſe ; il faut en éloigner ces plantes d'une ou de deux toiſes, lors même qu'on les coupe en herbe ; à moins que la fertilité du terrein, ou les engrais qu'on y apporte, ne réparent l'épuiſement que ces plantes occaſionnent.

Des Plantations de Mûriers Nains, ou en Buiſſon.

Les Mûriers nains, ſont plus ſerrés dans les plantations qu'on en fait, que ne le ſont ceux de haute tige; & tenus à une hauteur où l'on peut atteindre de terre, pour cueillir la feuille des plus hautes branches, ſans y grimper.

Les plantations de cette eſpéce ne ſont pas nouvelles; ce ſont les ſeules, au rapport des voyageurs qui ſoient depuis long-tems en uſage dans toutes les Indes Orientales; une plus longue expérience a fait connoître ſans doute aux Cultivateurs de ces Pays, les avantages des Mûriers nains & les a fait préférer aux plantations ordinaires; ces avantages ſont ſenſibles.

Avantages de ces plantations.

En effet il eſt certain d'abord qu'on cueille bien plus aiſément & avec moins de frais, la feuille des Mûriers nains, que celle de Mûriers de tige; des enfans, des vieilles femmes, qu'on a à vil prix, en cueilleront plus dans un tems égal, ſur les premiers, que ne feroient les plus habiles ouvriers ſur les autres, où ils ne montent même fort ſouvent, qu'au péril de leur vie ; comme l'expérience malheureuſement répétée toutes les années ne le prouve que trop : indépendamment donc de ce péril, qui fait frémir l'humanité, il y a à gagner pour la main-d'œuvre, dans *l'effeuillage*, ou la cueillette des Mûriers nains.

En ſecond lieu, les Mûriers de cette taille, formés dans bien moins de tems que les autres, rapportent beaucoup plutôt au Propriétaire, qui eſt preſſé de jouir & de ſe dédommager d'une partie des cultures ; outre que ces cultures ſont moins cheres dans ces plantations, où preſque tout le terrein eſt mis à profit dès les premieres années, par la diſpoſition des nains, plantés tout près l'un de l'autre.

Il y a plus ; les Mûriers nains greffés de belle eſpéce, pouſſant tout auſſitôt que la Pouréte, toujours très hâtive, ſont d'une grande reſſource pour les pays chauds où l'éducation des Vers à ſoie ne réuſſit guere, qu'autant qu'elle eſt avancée ; c'eſt pour cela que dans bien des endroits où la plantation principale eſt de Mûriers de tige ; on a un enclos de mûriers nains bien abriés, qui fournit aux premiers beſoins des Vers à ſoie.

D'ailleurs la ſéve ayant moins de chemin à faire dans les Mûriers nains & moins d'obſtacles à ſurmonter, pour arriver aux branches, doit naturellement s'y porter avec plus de facilité & même avec plus d'abondance, que dans les arbres de tige ; les forces étant plus ramaſſées dans les premiers, elles y agiſſent avec plus d'avantage : auſſi les terres les plus maigres, les plus arides, ou les Mûriers de tige langui-roient, quoique bien cultivés, ou rapporteroient peu ; ces terres ; dis-je, avec la même culture, ſuffiſent pour la réuſſite des Mûriers nains : c'eſt dequoi l'on pourroit ſe convaincre à Aubénas en Vivarez, où Monſieur Payan a formé dans le terrein le plus ingrat, une grande plantation de Mûriers nains, qui fait honneur à l'intelligence & au zèle

Patriotique de cet habile Cultivateur : c'eſt à ſon exemple qu'on doit les plantations de cette eſpéce, qu'on commence à ſubſtituer aux anciennes dans nos Cantons.

Enfin l'expérience confirme que la feuille de ces arbres eſt tout auſſi ſaine pour les Vers à ſoie, que celle des Mûriers de tige; en obſervant de ne donner à la freze, que celle des plus vieux & de réſerver pour les premiers âges la feuille des nouvelles plantations; tout comme le pratiquent ceux qui n'ont que des arbres de tige.

On pourroit douter ſeulement, que des arbres plantés ſi près l'un de l'autre, comme le ſont les Mûriers dont nous parlons, fuſſent de longue durée. On eſt généralement porté à croire, que les racines ſe croiſant de mille manières, doivent ſe nuire mutuellement & épuiſer bien-tôt les ſucs de la terre.

Je puis oppoſer à ce préjugé défavorable, deux obſervations capables de le diſſiper. Je vois depuis vingt-cinq ans une centaine de Mûriers nains long-tems négligés, & aujourd'hui en bon état par les ſoins qu'on en prend : ils ſont plantés dans une longue bande de terre, d'une toiſe de largeur, bordée d'un côté par un mur de maçonnerie, & de l'autre par une berge à pic, de terre franche, auſſi impénétrable aux racines qui le mur puiſſe l'être : il y a cependant dans un eſpace auſſi reſſeré, deux rangées de Mûriers nains, plantés à trois pieds en tout ſens l'un de l'autre.

Je ſçai d'ailleurs, qu'il y a à Bagnols de vieilles ſouches de Mûrier d'un pié de hauteur & de neuf à dix pouces de diametre, qui ne ſont eſpacées entr'elles que d'une toiſe.

Tout dépend, pour la durée & la beauté des arbres, de la fertilité du terrein, ou de la culture qui ſupplée à ſa ſtérilité & à ſon peu d'étendue. Si deux labours ne ſuffiſent pas, on en donne trois, on en donne quatre; on fume, on émonde, on arroſe même s'il eſt poſſible.

C'eſt par ces moyens qu'on éléve dans une caiſſe étroite les plus beaux Orangers dont les racines entaſſées en une épaisse touffe, forment un volume moins étendu que celui des branches de cet arbre. Mais si ces cultures ne sont pas praticables en tout ou en partie, pour celui dont nous parlons & qu'il commence à languir ; il n'y a qu'à ravaler ses branches de bonne-heure & proportionner à-peu-près leur longueur, sur celle que les racines peuvent prendre ; afin qu'il n'y ait pas plus à nourrir de celles-là, qu'il ne peut venir de nourriture de celles-ci ; & que la dépense de la séve par les feuilles, n'excéde pas la recette, pour ainsi-dire, des sucs qui la forment dans les racines, qu'on peut regarder comme l'estomac de la plante.

Les zèlés partisans des Mûriers nains, prétendent que de deux Champs d'égale étendue & plantés en plein, l'un de Mûriers de haute tige, l'autre de nains, aux distances ordinaires, c'est-à-dire ; les premiers clair-semés ou au large ; & les nains fort serrés ; ils assûrent, dis-je, que ces derniers produiront plus de feuille, que ceux de l'autre champ : mais cela n'est vrai que pour un certain tems & ne doit pas être affirmé de tous indifférement.

En effet il n'est pas douteux que dans les premieres années de la plantation, le champ aux Mûriers nains ne rende beaucoup plus de feuille, que celui des Mûriers de tige : mais celui-ci en revanche en donnera beaucoup plus que l'autre, lorsque ceux des deux champs auront pris leur entier accroissement : la raison de cette derniere assertion est évidente.

Les Mûriers nains doivent laisser toujours de grands vuides entre-eux ; si leurs branches, qui s'étendent de côté, se touchoient, le peu de hauteur qu'elles ont au-dessus de terre, ne permettroit pas aux ouvriers d'y aborder pour les cultures ; d'ailleurs leur tête d'une taille déterminée, n'est jamais plus haute que de cinq à six pieds & ne peut donner de feuille qu'à proportion de cette masse : au lieu que celle des Mûriers de tige s'éleve le plus souvent au-dessus de deux toises ; & d'ailleurs les branches de deux Mûriers voiſins venant à ſe toucher dans quelques années, rempliſſent les grands vuides qu'elles laiſſoient d'abord entre elles, ſans gêner cependant les ouvriers dans les labours qu'ils font par-deſſous.

Mais s'il eſt vrai que les terreins les plus ingrats ſont propres aux Mûriers nains; il ne l'eſt pas moins, qu'on ne doit les y planter, qu'autant qu'ils ſeront à l'abri du bétail qui les brouteroit, & que pour les en garantir, on pourra creuſer commodément tout-au-tour des foſſés profonds, planter des haies vives; &c. Ce qui n'eſt guere praticable dans les pays montans, ſcabreux, parſemés de rochers tels que le ſont la plûpart des endroits des Cévenes. L'idée que je vais donner de ces plantations, ne peut donc ſervir qu'à ceux qui ayant un terrein plus favorablement diſpoſé, ne ſeront point encore rebutés par la dépenſe qu'il faudra faire pour le clorre.

La maniere de planter en nains les Mûriers, qu'on a vû ci-devant mettre au rebut, (lors de l'arrachis de la Pépiniere) eſt la même préciſément, que celle que nous avons déjà décrite pour les Mûriers de tige. Mais ce rebut ne ſuffit pas pour des plantations conſidérables ; on y emploie le plus beau plant de Pouréte tiré du ſemis, qui ſoit au moins de la groſſeur du doigt au bas de ſa tige & tel qu'on le choiſit pour les Pépinieres.

On déjà vû la maniere de planter celles-ci; il ne s'agit pour faire une plantation de nains à demeure, que de mettre la Pouréte à de plus grandes diſtances l'une de l'autre, & de la greffer à deux ou trois doigts de terre, ſur le jet qu'elle pouſſera du premier ou du ſecond récepage, qu'on en a fait, comme à la Pépiniere; il reſtera encore à déterminer, 1°. La diſtance d'un pié à l'autre. 2°. La hauteur de la tige & de la tête & enfin la forme de cette dernière.

Il faut commencer par tracer au cordeau les alignemens où le plant doit être placé & régler les diſtances de l'un à l'autre, de façon à mettre tout le terrein à profit, ſans gêner ce- Diſtance d'un Mûrier nain à l'autre.

pendant les cultures. J'ai vu ces avantages réunis dans une plantation où la diſtance d'une rangée à l'autre étoit d'une toiſe & demi, & celle des Mûriers d'une même rangée, d'une toiſe. Cet eſpace eſt ſuffiſant, lorſqu'on donne à la tige un pié de hauteur & qu'on permet aux branches de s'étendre d'environ deux pieds ſur les côtés; en ſorte que le haut de la tête, n'ait pas au-de-là de quatre pieds & demi de diametre.

Les diſtances précédentes entre les plants & les rangées, pourroient être bien plus reſſerrées, ſi l'on prenoit le parti, comme quelques Cultivateurs, de mettre les Mûriers nains en taillis, dont on fait de trois en trois ans des coupes reglées, à meſure qu'on en cueille les branches. La touffe que forment celles-ci, dans l'intervalle d'une coupe à l'autre, ne s'étend pas aſſez ſur les côtés, pour ôter aux manœuvres la liberté des labours, qu'on feroit à la maille, ou au hoyau (*a*);

(*a*) Hoyau, eſt l'outil de Vigneron connu en Languedoc ſous le nom de *Trênço-lârgo*.

l'on

l'on peut même alors ravaler d'avantage la tige, ou la ſouche du Mûrier & la tenir à cinq ou ſix pouces de terre, ou au-deſſus de la greffe ; l'on gagne même à le faire ; car plus la tige de ces arbres eſt baſſe & près de terre, plus elle pouſſe des branches & produit de feuille.

Les Mûriers nains des rangées eſpacées d'une toiſe & demi n'avancent pas de quelques années leurs racines dans tout cet eſpace, quoiqu'on le façonne toujours en plein ; pour en tirer parti en attendant, quelques Cultivateurs plantent au milieu une rangée du fretin de Pouréte, qu'ils arrachent dans deux ou trois ans, ſoit pour remplacer les buiſſons qui manquent, ou qui n'auroient pas repris, ſoit pour les planter ailleurs en arbres de tige.

Je n'inſiſterai guere ſur la forme qu'on doit donner à la tête des Mûriers nains ; elle eſt la même que celle des arbres fruitiers, qu'on taille de même en buiſon : un des principaux mérites des uns & des autres, c'eſt que les plus hautes branches ſoient à la portée du Cueilleur qui est à terre & que sa main puisse atteindre par-tout commodément.

La taille des Mûriers nains.

Pour cet effet, on ne permet pas aux maîtresses branches de s'étendre au-de-là de six pieds au-dessus de terre : on les traite à peu de choses près au commencement, comme nous le verrons à l'article de la taille des Mûriers de tige : dès la premiere ou la seconde année, on ne laisse que deux ou trois branches, qui s'écartent en dehors comme les pieds d'une sellette & qu'on ravale à quatre ou cinq pouces au-dessus de la greffe.

En taillant ensuite chaque année, on allonge ou on laisse croître peu-à-peu ces premieres branches, on évase les jets du dedans, on arrondit, ou l'on quarre la forme extérieure; & lorsque ces buissons vieillissent & que les branches sont, ou trop longues, ou trop serrées; on en coupe quelques-unes par le pié, on ravale les autres; & si l'arbre vient enfin à s'abougrir & à donner peu de feuille, il y a moyen de le rajeunir, en récepant toutes les branches ſur la ſouche, comme celles des Mûriers nains en taillis, ou comme un têtard de ſaule ou d'oſier franc.

On fait aux Mûriers nains les mêmes labours, qu'à ceux de haute tige, dont nous avons parlé. On verra dans les articles ſuivans la maniere de greffer & d'émonder les uns & les autres.

De la greffe des Mûriers.

Les rameaux qui pouſſent d'une greffe attirent par la ſuccion beaucoup plus de ſucs de la tige & des racines, que ne faiſoient auparavant les branches naturelles ; & ces ſucs ſe diſſipent de même plus abondamment, par la tranſpiration des feuilles des arbres greffés, que par celles des ſauvageons, c'eſt de-là que vient, l'accroiſſement plus rapide & le plus grand produit des Mûriers francs : mais les branches de ces derniers, fatiguant beaucoup la tige étrangère qui les porte, & épuiſant d'avantage la terre qui les nourrit, tout l'arbre meurt beaucoup plutôt qu'un pur ſauvageon, dont l'accroiſſement, plus lent & le produit bien moindre, ſont en revanche plus ſolides, ou de plus de durée.

On a peſé ces avantages de part & d'autre dans la culture du Mûrier; & les Cultivateurs ſe ſont décidés pour la greffe, afin de recueillir plutôt & avec moins de peine, beaucoup plus de feuille, au hazard de jouir moins de temps de ce profit, que s'ils avoient laiſſé le Mûrier dans ſon état naturel de ſauvageon.

Pour greffer ces arbres, on coupe ſur un Mûrier de bonne eſpéce un rameau d'un an, ou de la dernière pouſſe; l'on en détache un tuyau, ou ſimplement un morceau d'écorce, qui eſt la *Greffe*, qu'on applique ſur l'aubier nû du ſauvageon, appellé le *Sujet*.

Pour ſe mettre au fait de cette opération d'Agriculture, on peut demander. 1°. Dans quel tems il convient de la faire? 2°. Comment on doit s'y prendre pour l'exécuter? Et enfin quels ſoins elle exige lorſqu'elle eſt faite? C'eſt ce que nous examinerons dans cet article, où nous tâcherons de ne rien omettre de ce qui peut intéreſſer le Lecteur.

L'uſage généralement établi, eſt de greffer le Mûrier dès la ſeconde année qu'on l'a planté à demeure & ſur les premiers jets qu'il vient à pouſſer. On attendoit autrefois trois ou quatre années après le plantage ; & alors les Cultivateurs les plus preſſés, greffoient à l'Ecuſſon le bout de la tige qu'ils venoient d'étêter, ou le moignon des branches, qu'ils coupoient à meſure; les autres greffoient en flûte ſur les jets qui pouſſoient après le récepage.

Tems & circonſtances où l'on doit greffer.

On débutoit toujours par couper de groſſes branches, qui avoient pouſſé depuis que l'arbre étoit planté ; ce qui occaſionnoit au haut de la tige de nouvelles plaies, qui ne ſe refermant qu'à la longue nuiſoient ſouvent au plant. On n'a pas beſoin d'attendre lorſqu'on ne plante que des Mûriers d'une bonne groſſeur, & telle que nous l'avons marquée ; ils donnent dès la premiere année des jets aſſez forts pour y placer avantageuſement une greffe.

Les Greffeurs ne font cette opération, que quand les Mûriers ſont en pleine séve ou lorsque ce suc est plus actif & plus abondant ; ce qui arrive dans deux saisons de l'année, sçavoir, au Printems où se fait la premiere pousse, & vers le milieu de l'Été, ou à la pousse de la Magdelaine. Les greffes reprennent également dans l'une & l'autre saison ; on préfére cependant de greffer au Printems ; car outre que la pousse s'y fait avec plus de vigueur, elle a encore plus de tems pour croître & pour s'aoûter, avant que l'Hiver arrive : d'ailleurs, si ces premieres greffes viennent à manquer, on a encore environ trois mois après, la ressource de greffes des la Magdelaine ; on peut les pratiquer sur le rejet du Printems, qui a poussé au tour des greffes manquées.

Il est vrai que les greffes du Printems, sont sujettes quelquefois à être gelées ; mais on ne risque rien ou que bien peu de ce côté, quand la saison est reculée, ou lorsque le froid a retenu les bourgeons, jusqu'au quinze, ou au vingt d'Avril ; on peut se mettre d'abord à greffer : il faut différer de le faire, quand la ſaiſon eſt avancée, ou lorſqu'une température plus chaude que de coutume des derniers mois de l'Hyver, a fait pouſſer les Mûriers, dès le milieu de Mars; il faut s'attendre à quelque gelée.

Dans ce dernier cas, on renvoye les greffes au mois ſuivant; on laiſſe tranquillement pouſſer les Mûriers, pourvû qu'on ait une proviſion de rameaux qui ne pouſſent pas de leur côté, mais dont les yeux ou les boutons ſoient encore fermés, ou qu'il s'en-faille peu; & qu'ils ſoient couverts encore des ſurfeuilles, ou de ces écaillés brunes qui enveloppent la partie verte du bourgeon, ou les rudimens de la branche qui en doit ſortir.

Le défaut des rameaux dont les yeux auroient pouſſé; c'eſt que les bourgeons une fois développés avant l'opération de la greffe, ou dans les premiers jours qu'elle eſt faite, attirent beaucoup de ſéve & en tranſpirent d'autant: ils deſſéchent par-là l'écorce, ou le rameau & ſe flétriſſent bien-tôt eux-mêmes. Il eſt difficile d'ailleurs, vû leur ſaillie, de ne pas les ébranler ou les rompre, lorſqu'on manie le rameau, ou qu'on l'empoigne, pour tordre l'écorce & la détacher du bois.

On évite ces inconvéniens, premierement en cueillant les rameaux de bonne-heure, c'eſt-à-dire, vers le vingtième de Févier. En ſecond lieu en retardant le développement de leurs yeux, pour ſe donner du repit juſqu'au tems où l'on peut greffer ſans riſque: pour cet effet on les enterre au pié d'un mur expoſé au Nord, & où la terre ſoit fraîche & humectée. (*a*)

Pour conſerver ces Rameaux, il faut les laiſſer un peu tranſpirer & laiſſer pour cela hors de terre, trois ou quatre yeux du petit bout, qui pouſſeront les premiers : le reſte ſera d'autant plus lent à entrer en ſéve & à pouſſer, qu'il ſera plus enfoncé & dans une place plus froide ; il ſeroit

(*a*) La ſéve reſte plus long-tems engourdie dans cette expoſition, où le défaut d'air diminue en même-tems la tranſpiration du rameau ; ce qui doit naturellement rallentir la pouſſe.

plus tardif dans une profonde cave ; mais les rameaux riſqueroient d'y moiſir & de s'altérer, à moins qu'ils ne fuſſent couverts de ſable mouillé, plutôt que de terre ordinaire.

Quand le danger de la gelée eſt paſſé & que le tems eſt ſerein, ou qu'on n'eſt ménacé ni de pluye, qui laveroit la ſéve fraîche & à découvert, ni de grands vents ou de fortes chaleurs, qui la deſſécheroient trop-tôt ; on tire de terre les rameaux dont on a beſoin pour la journée : en les portant avec ſoi, on tient le gros bout trempé dans un peu d'eau, ou entouré d'un linge mouillé, & l'on ſe met à l'ouvrage.

La greffe en flûte.

On ne fait ſur le Mûrier, comme ſur le Chataigner, que deux ſortes de greffes ; l'une en flûte, autrement dite, au *ſifflet*, & l'autre à l'écuſſon. Toutes les deux ſe font à la pouſſe & jamais à l'œil dormant. La greffe à l'écuſſon, plus courte & plus aiſée que l'autre, eſt avec cela moins ſolide ; ſes bourgeons étant ſujets à être renverſés par le vent. La greffe en flûte eſt préférable à cet égard : c'eſt la ſeule dont nous parlerons ici, parce qu'on l'emploie plus communément que l'autre pour les Mûriers & qu'elle eſt moins connue par les Traités d'agriculture.

Maniere de la faire.

Pour greffer en flûte, on détache du rameau une virolle, ou un anneau d'écorce, ſur lequel il y ait un œil bien conditionné, & l'on en couvre le brin pelé du ſujet ; en ſorte que cette écorce ajoutée, s'applique auſſi intimement ſur le bois, que celle qu'on en a détachée, ſans être ni trop lâche ; ni trop étroite. L'anneau trop lâche, ſécheroit dans peu de tems ; trop étroit, il ne pourroit entrer ſans ſe crevaſſer, & par cela même il lâcheroit & deviendroit inutile.

Cette façon de greffer, aſſujettit donc l'ouvrier à prendre un rameau pareil en groſſeur au jet, ou ſcion ſur lequel la greffe doit être appliquée : c'eſt de quoi le coup d'œil décide en préſentant à chaque fois le rameau au ſcion, ou la partie de l'un & de l'autre qui doit ſervir à la greffe (*b*).

(*b*) On trouve des rameaux de toute groſſeur dans les branches gourmandes de l'année,

On ne prend pas indifféremment les ſcions du ſujet, pour y placer la greffe ; & l'on n'y applique point celle-ci à toute ſorte de hauteur : la vigueur de la greffe ſe meſurant ſur ſa groſſeur & ſur ſa plus grande proximité du corps de l'arbre, ſi on l'applique ſur un jet, ou un brin trop-menu, ou bien à une trop grande diſtance de la tige, la pouſſe en ſera plus foible & plus long-tems à croître, ou à former la tête de l'arbre. Auſſi les bons Greffeurs choiſiſſent-ils ſur tous les jets de l'année, les trois ou quatre plus beaux, qui pouſſent du haut de la tige ; ils y enfoncent la greffe le plus bas qu'ils peuvent ou à un pouce au moins du corps de l'arbre & ils retranchent tous les autres brins avec la ſerpette.

L'opération de la greffe doit être précédée de deux autres, que nous n'avons fait juſqu'ici qu'indiquer : l'une regarde le rameau ; l'autre le brin du ſujet.

Séparation de l'écorce du rameau.

Il faut commencer par *tanner* le ra-

qui pouſſent ſur les Mûriers jeunes, robuſtes & plantés dans un bon fonds.

meau, c'eſt-à-dire, en détacher l'écorce d'avec le bois & la détacher d'une piéce, ſans la faire gercer. Cette ſéparation s'exécute par une manœuvre pareille à celle des Bergers, lorſqu'ils font des chalumeaux d'une écorce de ſaule. Le Greffeur emporte d'abord avec la ſerpette le petit bout du rameau qui n'eſt pas de ſervice, il prend enſuite d'une main le rameau & il s'efforce avec le pouce & le doigt indice de l'autre, de faire tourner bellement l'écorce ſur ſon bois, ou de l'en détacher au moins à demi : il commence par le petit bout, dont il a détaché en trois ou quatre lanieres, un ou deux pouces d'écorce : pour peu que celle-ci ait commencé à tourner par ce bout, ce commencement facilite la ſéparation juſqu'au bout oppoſé; vers lequel on avance peu-à-peu, en tordant ou en tournant; & l'on évite à meſure de donner des entorſes aux yeux qui leur fuſſent préjudiciables.

Ce qui facilite la ſéparation.

Cette opération ſe refuſe quelquefois aux efforts & à toute l'adreſſe du greffeur, à cauſe de la trop grande adhérance de l'écorce au bois; ſoit par le défaut de ſéve, qui ſe ſera deſſéchée, & alors il faut jetter le rameau; ſoit par ce que la ſéve, d'ailleurs ſuffiſante, eſt engourdie & condenſée par la fraîcheur, ce qui eſt plus ordinaire; dans ce dernier cas, l'on expoſe le rameau pendant demi-heure au ſoleil, avant de greffer. La chaleur y produit deux bons effets; d'un côté, en faiſant tranſpirer l'écorce, elle la rend plus ſouple, plus extenſible, ce qui l'empêche de ſe crevaſſer; & de l'autre en raréfiant la ſéve, qui eſt entre l'écorce & le bois, elle écarte par cela même ces deux parties; ce qui en facilite la ſéparation, lorſqu'on ſe met à tanner.

L'écorce du rameau étant préparée de la maniere précédente, on en coupe ſur le bois une virolle, d'environ un pouce de longueur, dont l'œil ou le bouton approche plutôt du bout inférieur que du bout oppoſé : le Greffeur coupe ces deux boutons d'un ſeul trait de ſerpette, ou par une inciſion circulaire, qui tranche nettement toute l'épaiſſeur de l'écorce, ſans trop prendre ſur le bois, car autrement celui-ci pourroit rompre dans l'écorce, s'il reſtoit encore quelqu'effort à faire pour achever de l'en détacher : il donne auſſi quelque coup de ſerpette au bas de la virole, au cas que l'inciſion n'eût pas été artiſtement faite & qu'il y reſtât quelqu'inégalité.

Préparation du ſujet.

Avant de tirer hors du rameau la virole ou l'anneau d'écorce, il faut diſpoſer le ſujet à le recevoir : on coupe pour cet effet à trois ou quatre pouces au-deſſus de la tige, le brin ſur lequel on doit opérer ; & l'on en pele un ou deux pouces du bout, en trois ou quatre laniéres, qu'on laiſſe en place ou de côté : ce brin eſt coupé de quelques pouces plus long qu'il ne faut, pour la place que la greffe doit y tenir ; afin de donner à celle-ci une entrée libre par un bout plus menu.

En tirant par le háut du rameau l'anneau de la greffe, il eſt important d'examiner ſi l'œil, qui ſera en bon état en-dehors, l'eſt de même en dedans; ou s'il eſt garni de ſon germe, c'eſt-à-dire, de ce petit brin d'une matière tendre & ligneuſe qui fait la baſe & le commencement de la branche, qui doit ſortir de l'œil; ce germe doit être détaché nettement du bois, où il laiſſe une foſſette, & tenir à l'écorce; ſans quoi celle-ci pourra bien reprendre ſur le ſujet, mais rien ne pouſſera hors de l'œil, faute d'une partie auſſi eſſentielle.

Application de la greffe.

Tout étant bien conditionné dans la greffe, on la preſente auſſi-tôt ſur le brin pelé; ſi le Greffeur a mal pris ſes meſures & que le premier anneau ſoit d'un trop petit calibre, il en tire un ſecond, ou un troiſième, en remettant à chaque fois les premiers ſur le rameau, pour ne plus leur donner le tems de ſécher, en attendant qu'il les faſſe ſervir ſur un ſujet plus menu.

Lorſqu'il a trouvé un anneau de meſure, & qui entre gayement au bout du brin, il l'y enfonce peu à peu, juſqu'au point où il doit être fixé, que le Greffeur ne trouve qu'en tâtonnant un peu; ſi l'écorce du ſauvageon qu'il a fendue, comme nous l'avons dit, en trois ou quatre piéces, ne prête pas, ou ne continue pas de s'écarter & de se fendre d'elle-même, sous l'effort de la greffe poussée en bas; on l'aide à se détacher du bois; mais seulement à fur & à mesure que l'anneau de la greffe descend : car celle-ci doit toujours être un peu embrassée dans sa partie inférieure, par l'écorce du sujet, & ne se fendre au-de-là, que le moins qu'il est possible : autrement, les trop grands vuides qui se trouveroient dans l'angle des fentes & où le bois seroit à nû, ne se boucheroient que fort à la longue & la greffe en souffriroit.

Condition essentielle pour la réussite.

On comprend que celle-ci est au point désiré, ou qu'elle est intimement appliquée sur l'aubier sauvageon, non-seulement lorsqu'il n'est guere possible de l'enfoncer plus avant, sans le faire fendre par le bas : mais encore (& c'est principalement de ceci que dépend le succès de l'opération,) lorsqu'on apperçoit un leger bouillonnement de la séve, qui a reflué au haut de l'anneau,

neau, entre l'aubier & l'écorce : c'eſt le point où il faut s'arrêter.

Il n'eſt pas néceſſaire (comme le pratiquent quelques Greffeurs) de ratiſſer ſur la greffe des copeaux du bois qui déborde, ni d'y lier tout autour l'écorce du ſujet, laquelle eſt de côté ; il ſuffit d'en relever les piéces, ou les laniéres, de les couper à la hauteur de la partie ſupérieure de l'anneau & de raſer ſur celui-ci, tout ce qui dépaſſe du brin pelé ; & l'opération eſt faite.

Le reflux de la ſéve au haut de la greffe, eſt la marque la moins équivoque de la juſte application de la nouvelle écorce ſur le ſujet. C'eſt à cette application que tendoient les précautions que nous avons rapportées : ſi elle eſt mal-faite, la ſéve ſe deſſéche, avant d'avoir pû établir une communication entre les ſucs des deux écorces, ou de les avoir aſſimilés & la greffe périt : elle périroit de même, par un défaut pareil, ſi le bois étant trop gros, on s'aviſoit de l'émincer, ou de le charpenter avec la ſerpette, pour y faire entrer la greffe ; ou bien encore, si on y laissoit un anneau d'écorce qui fût notablement fendu : dans ce dernier cas il seroit difficile que le lien qu'on employeroit pour assujettir l'écorce ne serrât ou trop, ou trop peu & que la greffe n'en fût endommagée.

Lorsque le brin du sujet, ou le rameau lui-même, sont courbés au gros bout, l'anneau qu'on tireroit de cette partie, ou qu'on appliqueroit sur une autre semblable, risqueroit de fendre ; à moins qu'on ne le coupât plus court qu'à l'ordinaire : au surplus une legere crevasse n'est pas de conséquence, si d'ailleurs le reste est fait à propos.

Il est bon d'avertir encore que lors qu'on place une greffe, il faut en disposer l'œil de façon que le jet qui en sortira, forme avec les autres la tête de l'arbre, dont les branches principales doivent être à d'égales distances l'une de l'autre & se diriger en haut, plutôt de dedans en dehors, que dans le sens contraire. Ainsi, si le brin de sauvageon qu'on a greffé est dans une ſituation horiſontale, l'œil de la greffe doit tourner en haut; s'il eſt droit, on placera l'œil en dehors, ou de côté ſelon l'exigence & jamais en dedans.

Ce que nous venons de dire ſur la greffe des Mûriers de tige, convient également aux Mûriers nains; il n'y a de différence que pour la hauteur où elle eſt placée : on l'applique pour ces derniers à quelques pouces au-deſſus de terre & ſur le jet du premier ou du ſecond récepage que l'on fait (comme il a été dit dans le champ de la plantation à demeure. On ſe décide pour l'un ou pour l'autre jet, ſelon la groſſeur des rameaux qu'on a pu procurer.

A quoi l'on reconnoît que la greffe a réuſſi.

La greffe en flûte faite à propos & ſelon les régles, ne tarde pas à donner des ſignes de la réuſſite; on s'en apperçoit demi-heure après l'opération; & plutôt encore, s'il fait du vent ou du ſoleil, qui deſſéchent l'air: & voici à quoi on reconnoît cette réuſſite s'il y a eu dans le ſujet ſuffiſamment de ſéve, il s'en fait en bas de l'anneau un amas, qu'on peut voir dans les vuides que laiſſent les angles formés par le bas des laniéres fendues : si la séve s'y épaissit dans peu, si elle devient gélatineuse (*c*) & qu'elle conserve quel-

(*c*) Cette séve extravasée & en consistance de gelée, s'organise d'elle-même, & se durcit en un bourlet, dont la partie extérieure se convertit en écorce & l'intérieure en bois, par la seule différence des expositions : il y a en effet peu d'apparence que la partie ligneuse du bourlet soit produite par l'aubier du sujet & la corticale par son écorce. Ce que j'ai observé sur plusieurs Chêne-verds, qu'on avoit écorcés pour faire du Tan, semble prouver, que le même suc prend ces deux formes & s'organise différemment, selon qu'il touche l'air, ou qu'il en est à couvert. On écorcoit ces arbres en pleine séve, & ils se dépouilloient si nettement, qu'il ne restoit pas sur l'aubier la moindre petite fibre du *Liber*, ou des dernieres couches corticales. Cependant il suintoit de petites gouttes de séve, des fosseres dont la surface pelée de ces arbres est parsemée : lors qu'en écorcant on rencontroit un tems calme, ces gouttes se conservoient fraîches sur le côté de la tige où le soleil ne donnoit pas ; elles se figeoient, se durcissoient & se changeoient enfin en écorce & en bois, & venant ensuite à croître par les côtés, elles formoient par leur réunion de larges croutes isolées, qui débordoient

que-tems ſa fraîcheur ; c'eſt une marque certaine que la greffe a repris (*d*) : il y a lieu d'en douter, au contraire : lorſque cette matière s'applatit & ſe deſſéche peu de tems après, entre le

d'une ou de deux lignes ſur le bois nu : il pendoit même au bas de ces croutes, dans les endroits où la ſéve avoit été plus abondante, de vraies Stalactites végétales.

Il faut remarquer ſur cela, qu'on diſtingue mieux ſur le Chêne que ſur tout autre arbre, les fibres ligneuſes longitudinales & tranſverſales. Ces dernieres qui partent comme des rayons du centre, ou plutôt de l'axe de la tige à la circonférence de l'aubier, aboutiſſent ſenſiblement aux fauſſettes dont nous avons parlé & paroiſſent même ſe prolonger dans l'épaiſſeur de l'écorce, en ſorte qu'il faille les rompre pour écorcer. Il paroît donc que c'eſt du bout rompu de ces fibres, & non d'ailleurs, que coule ce ſuc, qui ſe métamorphoſe d'une façon ſi ſinguliere en bois & en écorce.

(*d*) La ſéve cependant ne s'y organiſe pas, ou ne forme point de bourlet ligneux, par cela ſeul qu'elle eſt à découvert, ou trop expoſée. Ce petit vuide ne ſe bouche, que comme les playes ordinaires des arbres, par le prolongement des bourlets, ou des excreſcences, qui s'avancent du haut, du bas, & des côtés.

bois & l'écorce, où le vuide a été trop large & trop exposé.

Soins pour conserver les greffes.

Les soins que les greffes exigent, pour en conserver la pousse, ne sont qu'un amusement. On les visite quinze ou vingt jours après l'opération, pour ébourgeonner le sauvageon, qui aura poussé tout au tour & obliger la séve à n'enfiler que les bourgeons de la greffe. Il ne faut cependant retrancher tout le sauvageon, que lorsque sa pousse & celle de la greffe sont trop foibles; si celle-ci étoit vigoureuse, il vaudroit mieux laisser cinq, ou six brins de l'autre & choisir les plus menus : ces brins partageront les courans de la séve, qui pourroit nuire aux greffes, si elle y abordoit avec trop d'avance. On ne laisse ce sauvageon, que jusqu'à ce que le jet principal ait pris quelque consistance.

Cette pratique est plus nécessaire, lorsque la plantation est exposée à de grands vents, les brins du sujet en affoibliront les coups autour de la greffe, & lui pourront même servir de Tuteurs, que quelques-uns attachent aux tiges dont les jets s'élevent beaucoup. Les greffes pourront pouſſer impunément ſous cet abri, ſans qu'il ſoit beſoin, pour prévenir les accidens, d'en pincer la pointe herbacée, lorſqu'elle paſſe au-de-là d'un pié de hauteur.

Outre ces petits ſoins; s'il vient à pleuvoir, lorſque les greffes ont commencé à bourgeonner, on ne ſçauroit mieux faire, que d'y donner un coup-d'œil, dans les premiers intervalles où la pluye permettra de ſortir; c'eſt le moment favorable, pour prendre ſur le fait & pour donner la chaſſe aux limaçons, qui ravagent la pouſſe des jeunes Mûriers. On ſcait que ces animaux prennent ce tems pour ſe mettre en campagne; & l'on diroit qu'au moyen de leurs lunettes ils découvrent de loin la moindre verdure, qui commence à poindre au haut de nos jeunes entes; ils ne manquent pas au moins de s'y traîner, s'il y en a dans le voiſinage & d'attaquer de préférence les bourgeons francs dont ils broutent le cœur & qu'ils font perir.

Cet avis regarde ſur-tout les Cultivateurs dont les Mûriers ſont plantés dans un terrein frais & près des murs à pierre ſéche, qui ſont l'habitation ordinaire de ces animaux malfaiſans.

De la taille des Mûriers de tige.

Sous ce terme général de *taille*, qui déſigne un retranchement quelconque fait aux branches d'un arbre, nous comprendrons, 1°. La taille proprement dite. 2°. L'émondage. 3°. Le ravalement & le récepage.

On taille les Mûriers dans leur jeuneſſe pour leur donner une certaine forme ; on les émonde dans un âge plus avancé, en coupant les menues branches qui le déparent, ou qui leur nuiſent ; & lorſqu'on a long-tems négligé de la faire, il faut quelquefois en venir à ravaler les groſſes branches, en les accourciſſant ſimplement ; ou bien à en élaguer quelqu'une par le pié. On étête enfin, ou l'on récepe les Mûriers qu'on ne peut rétablir autrement.

Ces différentes opérations ſont les plus eſſentielles de la culture des Mûriers, après qu'ils ſont greffés & plantés à demeure; & ne ſont qu'imparfaitement ſuppléés par les labours, les engrais & les autres moyens uſités pour favoriſer la végétation. L'effet qu'elles produiſent eſt de donner une nouvelle activité à la ſéve, de l'obliger à s'ouvrir des routes plus aiſées, & de faire pouſſer à l'arbre de plus beaux ſcions, qui rendent avec uſure le profit des branches, que l'outil doit emporter. Il s'agit ſeulement de bien connoître celles-ci; & nous nous flattons, que les inſtructions ſuivantes pourront y contribuer, en mettant les commençans ſur les voyes.

De la taille proprement dite.

Dans les différens retranchemens, qu'un habile Emondeur fait ſur les Mûriers, il ſe propoſe de faire pouſſer à ces arbres le plus de branches à bois qu'il eſt poſſible, pour augmenter le produit de la feuille: mais le but particulier de taille, proprement dite, eſt de donner à l'arbre une forme avantageuſe, qui le rend en même-tems , accessible aux Cueilleurs.

C'est en greffant le Mûrier qu'il faut prévoir , comme nous l'avons vu ailleurs , la forme que sa tête doit avoir, pour disposer les greffes en conséquence, celle qu'on donne aux arbres fruitiers en buisson , qui est arrondie en-dehors , & évasée en-dedans est la plus commode pour le Cueilleur de feuille, qui n'étant point embarrassé par les branches qui seroient au milieu , peut avec facilité porter la main sur celles qui l'entourent, sans trop les violenter pour y atteindre.

Cette forme d'ailleurs est la plus avantageuse à l'arbre ; en ce qu'elle expose mieux les feuilles à l'action de l'air & du soleil , qui leur sont si salutaires, & qu'elle contribue à faire distribuer la séve , ou la nourriture des branches , sur toutes également : lorsqu'un Mûrier s'élance trop d'un côté par quelque branche gourmande , tout le reste languit & s'en ressent.

On a dû faire un plus grand nombre de greffes , qu'on n'en laissera subsister dans la suite , pour suppléer celles qui viendront à manquer ; on en choisit trois ou quatre (*a*) des plus vigoureuses à une égale distance l'une de l'autre, autant qu'il est possible ; & dont les jets s'écartent du centre de la tige & l'on emporte le reste avec la serpette.

(*a*) On formeroit également bien la tête du Mûrier avec deux branches, qui partissent des greffes, comme avec quatre. Mais si l'arbre est dans un fonds gras, qui procure aux feuilles une surcharge, par l'abondance des sucs ; en multipliant les maîtresses-branches, on met l'arbre plus en sûreté contre tout accident. Car lorsqu'il n'y a que deux divisions qui forment la plus basse fourchure d'un gros Mûrier, il arrive quelquefois, si le vent souffle avec violence, que l'une des deux divisions s'affaisse avec la moitié de la tête sous le poids de la feuille & des mûres & que la tige se fend & s'éclate de haut en bas. Les branches plus petites d'une fourchure plus divisée, sont à la vérité, aussi chargées à proportion, que celles qui sont plus grosses du double & présentent au vent un lévier tout aussi long, pour les mouvoir ; elles ne s'éclatent cependant pas sur la tige. Il suffit d'avoir rapporté le fait, qui est constant : il ne sera pas bien difficile d'en connoître la cause.

Si les jets des greffes s'élevent trop droit & trop près l'un de l'autre, on est à tems à la seconde ou à la troisième pousse de les tourner à son gré & de leur faire prendre une direction qui approche de l'horisontale; il n'y auroit pour cela qu'à les courber en dehors & les assujettir, au moyen d'un cerceau, pour leur faire garder ce pli. Il vaut encore mieux accourcir les premiers jets à deux ou trois yeux, & ne laisser pousser que celui du bout qui tourne en dehors. On traitera de même le jet de la pousse suivante, ou de la seconde année, sans cependant le tailler aussi court que celui de la premiere. Il est bon que ces premiers jets, qui deviendront des maîtresses branches & la base de celles qui formeront la tête, soient bien inclinés en dehors à leur naissance, afin que les pieds du Cueilleur qui s'y tient debout dans les commencemens : y portent sans trop de gêne ; & que les branches qui en pousseront, ayent plus d'espace pour s'étendre sans confusion sur les côtés.

La pratique d'accourcir ou de ravaler les jets qui viennent l'un ſur l'autre, ſert non-ſeulement à donner à la maîtreſſe branche, une tournure qui facilite la cueillette, mais encore à faire groſſir la tige proportionellement aux branches & à augmenter la vigueur de celles-ci : la ſéve retenue par ce moyen, en acquiert plus de force & ſe déborde avec tant d'impétuoſité, qu'on voit ſouvent dès la taille de la ſeconde année, de gros jets d'une toiſe & demi de hauteur.

Lorſque ces jets ſe trouvent ſuffiſamment écartés l'un de l'autre, la régle ordinaire eſt de les couper la premiere année à cinq ou ſix pouces au-deſſus de la greffe ; & de faire en ſorte que l'œil le plus haut du tronçon, tourne en dehors, ou de côté : ſa poſition déterminera l'endroit de la coupure qu'on fera, ou plus haut, ou plus bas que la longueur indiquée.

Cet œil du bout qui pouſſe toujours avec plus de vigueur que ceux qui ſont au-deſſous, prolongera la branche & contribuera à l'évaſement de la tête :

il faut couper le jet qui en ſortira l'année ſuivante à un pié au-deſſus du premier & ne lui laiſſer pouſſer à ſon extrêmité que deux yeux placés ſur les côtés, & s'il eſt poſſible, oppoſés l'un à l'autre. Il en partira deux jets qu'on taillera la troiſième année à un pié ou à un pié & demi, ſelon la force, ou la groſſeur qu'ils auront.

On peut encore étronçonner ces derniers ſcions, s'ils ont environ trois pieds de longueur, ou au-de-là, & les faire fourcher comme les précédens; en ſorte qu'une ſeule maîtreſſe branche, ſoit ſubdiviſée à ſon extrêmité en quatre ſcions étronçonnés; & que ſi l'on a laiſſé trois greffes, elles forment par le haut une couronne à douze fourchons, dont le diametre ſoit d'environ une toiſe.

Cet aſſemblage de branches taillées pendant trois ou quatre années ſera pour ainſi dire la charpente ou la carcaſſe de la tête du Mûrier, ſur laquelle on lui laiſſera déſormais prendre l'eſſort : les ſcions pouſſant de toute part, garniront dans peu tous les vuides ; & les Cueilleurs établis au centre de la tête, pourront grimper partout aiſément, au moyen des fourchures qu'on avoit ménagées à une autre fin & qui lui ſerviront d'échelons.

La taille du Mûrier finit ici ; & ne s'étend pas au-de-là de quatre années. La feuille que l'arbre pouſſe dans cet intervalle, n'eſt cependant pas perdue pour le maître : on la profite dès la premiere année de la greffe : mais à deux conditions ; l'une de la cueillir de bonne-heure pour les jeunes Vers ; l'autre de ne point toucher à celle du tronçon, qui doit reſter après la taille & ſur lequel on veut conſerver certains bourgeons.

De l'émondage.

Tous les arbres de culture ont plus ou moins beſoin d'être émondés, pour croître d'avantage & pour profiter : mais il y a une raiſon de plus pour les Mûriers, à cauſe des ravages preſque inſéparables de la cueillette de la feuille, où les plus adroits tordent, ou rompent des branches & en déchirent l'écorce ; d'où il arrive que ſi l'on paſſe quelques années ſans y porter remède, l'arbre s'hériſſe d'ergots, vulgairement appellés *alumettes*, qui le déparent & qui embarraſſent les Cueilleurs : il ſe garnit de plus, en-dedans de branches chiffonnes & de mauvaiſe venue, qui ne produiſent que de menue feuille, affament les branches qui en rapportent de plus belles & rendent enfin la cueillette plus longue & plus difficile.

Il faut donc en émondant emporter avec la ſerpette, non-ſeulement tous les brins deſſechés, mais encore ce qu'on appelle le faux bois ; ſous lequel on comprend, les branches chiffonnes, ou les ſcions courts, tortus, ou trop menus qui croiſſent le long des groſſes branches ; & de plus, celles qu'on nomme gourmandes, & d'autres d'auſſi belle venue, mais qui ſe nuiſent mutuellement, pour être trop ſerrés, ou parce qu'elles croiſſent l'une ſur l'autre en ſe touchant ; & celles enfin qui pendant trop bas, ſont broutées par le bétail, bouchent outre cela le paſſage qui doit être libre pour les labours.

On

On ne doit pas craindre d'en trop faire en émondant, ou d'abattre trop de bois ſur les arbres long-tems négligés : c'eſt le défaut des apprentifs qui par une crainte, ou une indulgence déplacée ne guériſent le mal qu'à demi : un Mûrier bien évuidé, ſe regarnit dans l'année & rapporte beaucoup plus la ſuivante.

En émondant il faut couper rez-pié ce qu'on ôte ſur les branches ; ſans y laiſſer de chicots, qui empêcheroient la plaie de ſe refermer. Mais à l'égard des menues branches, qui forment le tour de la tête, dont le défaut eſt d'être trop grêles, pour leur longueur & que pour cette raiſon il faut accourcir ; ou de celles qui ſont trop ſerrées & qu'il faut éclaircir ; l'Emondeur doit toujours les couper immédiatement au-deſſus d'une fourchure : & dans la concurrence des deux brins qui la forment & dont il y en a un à retrancher, il coupera toujours le plus vieux, qui eſt dans une direction droite avec ce qui eſt au-deſſous ; & il laiſſera le ſcion plus jeune qui pouſſe obliquement du premier : la ſéve y trouvera une entrée plus libre où ſe rendront tous les ſucs, qui ſervoient à la partie retranchée.

Avis aux apprentifs émondeurs.

Il y a quelques avis importants à donner aux apprentifs, ou à ceux qui ſont peu habitués à manier la ſerpette ; ils ébranchent ſouvent & avec bien de la peine, au lieu de couper nettement ; & s'expoſent à de fréquens riſques de s'eſtropier, ou de ſe faire quelque entaille aux mains, pour n'avoir ſçû les placer à propos.

Un Emondeur doit avant tout, ſçavoir ſe retourner, ou ſe poſter commodément & ſe mettre plutôt au-deſſus qu'au-deſſous des branches à retrancher, pour les couper sûrement & avec avantage. Si c'eſt un jet de la groſſeur du pouce, ou au-deſſus, qu'il faille couper au pié ou à ſa naiſſance & qu'il ne puiſſe l'emporter d'un ſeul coup ; il doit le tirer à ſoi d'une main, & de l'autre appliquer par derrière, la ſerpette, qu'il fera agir de biais & non à plomb ſur la longueur du jet ; il doit de plus, faire gliſſer l'outil comme s'il vouloit ſcier & ne tirer la branche, ou le jet, qu'à meſure que la coupure avance & qu'il eſt néceſſaire de donner du jeu à la ſerpette : autrement, on fend, on ébranche, on gâte l'ouvrage.

Il faut être tout autrement attentif, lorſqu'il s'agit d'accourcir à la fourchure une branche menue, longue, ou pendante, qu'on emporte d'un ſeul coup. Dans ces occaſions on coupe bien plus aiſément, en empoignant la branche, ou en la fixant d'une main & en coupant de l'autre : mais il faut placer la main qui fixe, au-deſſus de la coupure & derrière le tranchant de la ſerpette; en un mot hors de portée des atteintes de cet outil, qu'on tient toujours bien affilé : de plus, ſi l'on dirige le coup vers ſoi-même, au lieu de le pouſſer de côté ; il faut en ménager la force de façon, qu'il ne porte pas juſqu'au viſage, ni ſur la main ; autrement, il arrive que l'outil gliſſe, qu'il va plus loin qu'on ne croyoit, pour n'avoir pas meſuré la force du coup, ſur la réſiſtance de la branches & l'on ſe bleſſe quelquefois dangéreuſement ; ce qui eſt le cruel tribut que payent trop ordinairement les apprentifs imprudens , qui ne devroient faire leurs premiers eſſais , qu'avec un gand de buffle à la main gauche.

Du ravalement & du récepage des groſſes branches.

Il y a peu à retrancher aux Mûriers , qu'on a ſoin d'émonder de tems à autre , ou de deux en deux ans & ce travail , qui eſt aiſé , ne demande pour les arbres les plus vieux , d'autre inſtrument que la ſerpette ; mais ceux qui ſont abougris , faute de la culture dont nous venons de parler, ou par quelque autre cauſe, ont beſoin d'autres remédes , pour être remis en valeur ; il faut employer la ſcie , la ſerpe ou la cognée & en venir à ravaler les maîtreſſes branches , ou même à étêter l'arbre, comme au ſeul moyen pour le rétablir & lui rendre la vigueur de ſa premiere jeuneſſe.

Les Mûriers s'abougriſſent par pluſieurs cauſes ; les uns dans un âge peu avancé, parce qu'ils ont négligés ; les autres dans leur vieilleſſe & par le défaut du terrein.

Les premiers s'abougrissent, 1°. Lorsqu'on a négligé de les tailler & qu'on n'a cependant pas cessé de les cueillir. 2°. Lorsqu'on les a cueillis trop tard. 3°. Lorsqu'on les a mal cueillis.

Du ravalement des jeunes Mûriers abougris.

Dans ceux qu'on n'a pas taillés, on voit souvent une branche gourmande, qui déborde sur les autres & en attire toute la vertu : en conséquence les branches basses ou leurs scions sont courts, menus, la plûpart desséchés & portent sur des tiges, herissées d'ergots & de mille nœuds. Les jeunes Mûriers qu'on cueille trop-tard, s'abougrissent comme les précédens & prennent à la longue un port aussi hideux ; parce que les scions n'ont pas eu le tems de grossir, & ont péri quelquefois par la gelée, lorsque leurs cimes étoient encore herbacées & n'avoient pû s'aoûter. Enfin les jeunes Mûriers qu'on cueille de terre ; au lieu de se mettre à la portée des branches, en s'élevant sur des chevres ou sur des échelles, sont arrêtés dans leur croissance & abougris ; parce qu'on en a tordu les scions en les tirant en bas pour les effeuiller : leurs branches ſont pendantes, ou horiſontales & préſentent une forme déſagréable de paraſol applati, qui ne croît, ni ne diminue.

En montrant le défaut de ces arbres nous avons preſque indiqué les moyens d'y remédier, indépendamment des nouveaux ſoins, qu'on doit apporter à l'avenir en effeuillant; il faut élaguer par le pié, ou à-peu-près, les branches gourmandes & ne pas ſe contenter de nettoyer les autres, de tout ce qu'il y a de mort, de mal ſain, & de nouailleux; il faut encore en réduire le nombre à trois ou quatre & les ravaler à un, ou deux pieds au-deſſus de la fourchure de la tige : on les raccourcit plus ou moins, ſelon leur force, leur longueur & ſelon la groſſeur du Mûrier.

Ce ne ſeroit rien faire, ou au moins, que bien peu, d'émonder ſimplement les arbres de cette eſpéce, dans leſquels les conduits de la ſéve étant probablement obſtrués, ou plus rétrécis que dans les Mûriers de belle venue, le cours de ce fluide y doit être auſſi fort ralenti : il l'eſt d'autant plus qu'il ſe trouve partagé en une infinité de petits yeux, ou de menus brins, qui ſe groupant, ou s'entaſſant l'un ſur l'autre ; forment de gros nœuds (*a*) ſur l'écorce. L'arbre ne feroit jamais dans cet état que de foibles productions ; il reſteroit les dix, les vingt années ſans avancer d'une façon ſenſible ; ſi après avoir accourci les maîtreſſes branches, chétives & nouailleuſes, on n'emportoit encore juſqu'au vif ſur le bout reſtant, tout ce qu'il peut y avoir de défectueux.

(*a*) Ces nœuds viennent originairement d'un bourgeon arraché pendant la cueillette, ſur un arbre planté dans un fonds ſec ou d'une médiocre bonté : chaque bourgeon eſt accompagné, comme on l'a vû ailleurs, de deux autres plus petits, qui viennent à ſa baſe ; ceux-ci pouſſent dans l'arrière ſaiſon deux petits brins, que la ſéve n'enfile point l'année d'après ; elle en fait ſeulement développer les plus bas yeux. Les brins de ces yeux ont le même ſort que ceux des précédens : & ainſi de ſuite ; le nœud ſe forme & groſſit peu à peu chaque année. On voit aſſez comment les opérations précédentes en interrompent le cours.

J'avois quelques Mûriers auſſi maltraités que ceux dont je viens de parler ; leur tige de la groſſeur de la jambe, étoit couverte d'une écorce crevaſſée, ou ſillonnée comme celle des plus gros ou des plus vieux Mûriers. Je réduiſis les têtes de quelques-uns à trois ou quatre branches , que je ravalai à un pié dans quelques-uns; à deux, ou à deux & demi dans d'autres. J'en étêtai même certains, qui étoient plus chétifs, à deux ou trois pouces au-deſſus de la plus baſſe fourchure, ou de la greffe.

Les plus malades ne produiſirent la premiere année que quelques menus ſcions , que je coupai rez-pié ; il en pouſſa d'aſſez gros l'année ſuivante, que je taillai à l'ordinaire, comme on l'a vû pour ceux des Mûriers nouvellement plantés ou greffés. Je traitai les autres à-peu-près de même & tous ſe rétablirent ſi bien qu'au bout de quelques années; un ſeul me rapporta plus de feuille que quatre enſemble ne m'en donnoient auparavant.

S'il ſe trouvoit quelque Mûrier , parmi ceux qu'on a préparés de la façon précédente, qui fût plus délabré, ou plus languiſſant que les autres ; on doit faire uſage d'un moyen très-connu qui contribuera encore à les mieux rétablir ; c'eſt de leur déchauſſer le pié juſqu'auprès des racines, & d'y enterrer, au défaut de fumier, des branches de Buis, préférable à tout autre rame fraîche, ou autrement des broſſailles, des feuilles tombées des arbres ; ou bien des gravois, de la chaux éteinte, des Pleins de Tanneur & enfin des cornes, des oſſemens, des rognures, ou des retailles d'étoffe & de tout ce qui appartient aux animaux & qui ſera plus à portée de la plantation.

Les jeunes Mûriers négligés tombent quelquefois dans la langueur & s'abougriſſent en conſéquence, par une cauſe particuliere ; la couleur de leur écorce qui eſt noirâtre ſur les principales branches, les diſtingue de tous les précédens : en y regardant de près, on découvre des milliers de Punaiſes ou de Galle-inſectes, pareils à ceux des Orangers & placés de même dans les ſillons de l'écorce, qu'ils piquent, pour ſucer à travers. On auroit trop à faire pour éplucher toute cette vermine : dans ces occaſions, l'on réduit les principales branches à la moitié de leur longueur ; l'on détruit enſuite ſur le reſte, toutes les Punaiſes qu'on peut découvrir : & pour venir à bout de ces Inſectes, dont un ſeul eſt capable de repeupler dans peu l'arbre comme auparavant, il faut y revenir une ou deux années de ſuite, pour achever de les détruire.

Nous avons vû, en parlant de l'émondage, que les menues branches qu'on raccourcit, doivent être coupées immédiatement au-deſſus de la fourchure, qu'elles feroient avec un autre brin : cette pratique doit avoir lieu également pour les groſſes branches qu'on ravale, comme pour les plus petites ; ſans quoi, l'on dépare l'arbre par des chicots de bois mort qu'on y occaſionne.

En effet, il eſt d'expérience, que pour que la ſéve anime un tronçon quelconque dans toute ſa longueur ; elle doit avoir au bout ſupérieur l'iſſue libre d'un œil, ou d'un ſcion, pour s'échapper par la tranſpiration des feuilles. Si le tronçon qui aura plus d'un an, (& qui ſera par conſéquent dépourvû d'yeux) n'eſt garni d'un ſcion, que fort au-deſſous du bout tronqué, la ſéve ne monte que juſqu'au ſcion qu'elle enfile : ce qui eſt au-deſſus, ſe deſſéche & ne forme qu'un chicot inutile.

Il y a cependant des occaſions où ce défaut d'iſſues, ou de fourchures, ne doit pas arrêter, lorſqu'il y a de bonnes raiſons pour couper une branche à une certaine hauteur.

Parmi de jeunes Mûriers trop longtems négligés, j'en avois un de la groſſeur du bras, qu'on n'avoit point taillé du tout, depuis quatre ou cinq années, qu'il avoit été greffé : il avoit pouſſé dès la premiere année, trois jets (d'autant de greffes) de plus d'une toiſe de hauteur, qui ne portoient depuis ce tems-là, que très peu de feuille à leur ſommet : toute la partie inférieure de ces jets, qui étoient devenus des branches aſſez groſſes, étoit abſolument nue , à plus de quatre pieds au-dessus des greffes, sans aucune apparence d'yeux, ou de bourgeons, ni de rien qui en approchât : la tête de l'arbre n'auroit jamais pû se former , étant si fort élevée, sur une si petite tige : je sciai les trois branches à dix , ou douze pouces au-dessus de la fourchure, ou des greffes ; je fis de plus, fouiller au pié de l'arbre où l'on enterra de la rame d'Arbousier ; d'habiles Agriculteurs m'annonçoient que je n'aurois dans ces tronçons que trois chicots ; il en poussa cependant des bourgeons des endroits les plus unis de l'écorce ; tout comme il arrive aux plantards de Saule.

Il est vrai, que la séve ne trouva pas plus de facilité à s'échapper, ou à pousser des bourgeons, dans la partie inférieure des tronçons, que par les bouts tronqués ; je la forçai par-là à s'ouvrir dans ceux-ci de nouvelles routes ; & l'on sçait qu'elle se porte naturellement aux extrêmités des branches, si elle n'est point détournée ailleurs par des circonstances particulieres.

Le Mûrier s'abougrit aussi, en vieillissant dans un mauvais terrein, d'où il ne tire pas assez de nourriture; ou bien dans celui où ses racines sont resserrées, soit par ce que la terre lui manque, soit parce qu'elle n'est pas défoncée assez loin : c'est un des arbres qui étendent le plus leurs racines; lors qu'elles trouvent des obstacles, les branches ne tardent pas à s'en ressentir; à moins que ce défaut ne soit suppléé de quelqu'autre manière. Il est tout simple qu'il faut donner à ces Mûriers de nouvelle terre, soit en hauteur, en les chaussant, soit en largeur; & c'est en donner de cette derniere façon, que d'étendre d'avantage l'ancienne fouille à tranchées, afin que les racines puissent pénétrer au-de-là.

Du ravalement des vieux Mûriers abougris.

Ce surcroît de nouvelle terre, ajoutée à l'ancienne, ne suffiroit pas à beaucoup près pour de gros Mûriers, qui approchent de la décrépitude; & l'on ne doit le regarder, que comme un supplément au reméde, qui a dû précéder; sçavoir, de diminuer le volume des branches, en ravalant les plus grosses à une même hauteur & en émondant même les moindres, qu'il faudra encore étronçonner.

On ravale avec la scie, ou la cognée les maîtresses-branches, plus ou moins bas, selon qu'elles sont hautes, saines en-dedans, & qu'elles marquent de vigueur en-dehors. Il est bien certain que moins on diminuera de leur volume, plutôt l'arbre se regarnira, toutes choses d'ailleurs égales : mais ce n'est pas à quoi l'on doit regarder, lorsqu'il ne s'agit pas simplement d'augmenter la vigueur d'un Mûrier; mais de le garantir d'une ruine totale : il faut moins craindre dans ces occasions, de trop couper, que de ne pas couper assez; & se régler à-peu-près sur les indications & la pratique suivante.

Nos plus habiles Emondeurs emportent environ un tiers des grosses branches, qui n'ont d'autre défaut que d'être nues dans leur longueur, ou d'être dégarnies de branches d'une moindre grosseur. Ils ravalent dans la même proportion, ou d'environ un tiers les mêmes grosses branches, d'ailleurs bien garnies, mais dont les ſommets ſont deſſéchés çà & là dans le bois vieux, à un, ou deux pieds de hauteur.

Au lieu d'un tiers ils abaiſſent à la moitié de leur hauteur, les mêmes maîtreſſes-branches, lors qu'ils apperçoivent que toute la feuille jaunit dès le commencement de l'Automne & avant les autres Mûriers; ſans qu'on puiſſe en attribuer la cauſe à un brouillard, ou à quelqu'autre accident de cette eſpéce: ils abattent à chaquefois toutes les autres branches d'une moindre groſſeur, dont les gras tronçons qu'on laiſſe, doivent être entièrement dépouillés.

Ils rabattent plus bas encore ces groſſes branches, ou à quelques pieds au-deſſus de la tige, lorſque le corps de l'arbre eſt pourri en-dedans, quoique le dehors ſoit en bon état; ou bien quand le dedans eſt ſain, & que la pouſſe annuelle n'eſt cependant que de deux ou trois travers de doigts & qu'avec cela, la feuille jaunit au commencement de l'Automne. Enfin les émondeurs ravalent fort bas de même;

lorſqu'une branche entière, qui ſera le tiers, ou le quart de la tête, ſe deſſéche; tandis que le reſte eſt ſain & plein de vigueur (*b*). Ce n'eſt pas aſſez dans ce

(*b*) Ces Mûriers ſont attaqués de la maladie regnante (dont nous parlerons plus bas) qui en fait périr un grand nombre. C'eſt une ſorte de gangrene ou de carie, qui ne ſurvient d'abord qu'à une branche & à un côté de l'écorce; elle commence au ſommet & gagne peu-à-peu le bas de la tige & enfin l'arbre tout entier: l'écorce du côté malade, où cette gangrene commence à ſe manifeſter, eſt fraîche & ſaine en-dehors & dans toute ſon épaiſſeur; l'intérieur ſeulement de la dernière couche eſt brun, ou jaunâtre; l'Aubier a de même des taches brunes, ou de petits ulcères & de plus il eſt tendre, renflé, raboteux, carié dans toute ſon épaiſſeur & adhérant au *Liber* dans quelques points, quoique dans la pleine ſéve; cependant ce fluide eſt tout auſſi frais dans la partie malade que dans la ſaine, & par-là cette maladie differe d'une autre, qui a ſon ſiége de même entre le *Liber* & l'Aubier, ou la ſéve eſt totalement deſſéchée & l'arbre ne paroît guere s'en reſſentir.

En ravalant les Mûriers, attaqués de la premiere de ces deux maladies, il faut couper dans la partie ſaine, ou au-deſſous des taches brunes de l'écorce: mais ſi le mal a

ce dernier cas, d'élaguer la branche malade le plus bas qu'il eſt poſſible, ſi on ne ravale encore à quelques pieds au-deſſus du tronc, celles qui paroiſſent avoir le plus d'embonpoint.

La plûpart des Mûriers étronçonnés reprendront dans quelques années leur ancienne vigueur : la durée des autres ſera ſeulement prolongée ; & tous enfin rapporteront dans peu, plus de feuille qu'auparavant. Mais il n'y a rien à attendre de ceux dont la feuille commence à ſe flétrir ſur toutes les branches, quelque-tems après avoir pouſſé, & dès le mois de Mai : il ſeroit fort inutile d'étêter ces Mûriers ; on n'en auroit que plus de peine à les arracher dans la ſuite.

On ne doit pas oublier, au reſte, de parer les bavures & toutes les inégalités, qu'auroient laiſſé la ſcie ou la cognée ; afin que la playe ſoit plutôt recouverte par l'écorce, qui croîtra ſur

a pénétré juſqu'aux racines, il eſt ordinairement incurable ; le reméde précédent ne ſera qu'un palliatif, qui ne retardera que de bien peu une mort inévitable.

les bords. Il faut pour cela que la surface de l'entaille, ou de la coupure, soit plane & unie, il est bon même qu'elle penche d'un côté, pour mieux rejetter l'eau de la pluye, qui sans cela, pénétreroit plus avant dans le corps de l'arbre & le pourriroit.

Il reste encore à traiter les jets qui pousseront des différens troncs étêtés, de la même façon que ceux qui poussent des jeunes plants: on choisit les trois, ou quatre plus beaux brins de chaque tête, pour les tailler, comme nous l'avons vû ci-devant, & l'on abat tout le reste. Ces jets pousseront beaucoup mieux, si avant de les tailler, on les greffe de quelque bonne espéce, quoique l'arbre, fût déjà franc, & si l'on emploie pour cela des rameaux du *Colomba* à mûres blanches, qui foisonne plus qu'aucun autre espéce.

De la saison pour émonder.

Toutes les saisons de l'année sont bonnes pour émonder & pour ravaler les Mûriers, si celles de l'Eté, où l'on a coutume de le faire, peut servir de regle ; ce que nous examinerons ci-dessous. On n'émonde d'ordidinaire qu'après la cueillette de la feuille, & ce qui paroîtra irrégulier à un Emondeur intelligent, l'on attend pour commencer, que tout ſoit entiérement effeuillé, ou que l'éducation des Vers à ſoie ſoit finie; cependant il ſe paſſe une quarantaine de jours, depuis le premier Mûrier cueilli juſqu'au dernier; & dans cet intervalle, la plus grande partie rentre en pleine ſéve & commence à jetter ſa nouvelle pouſſe, dont une bonne partie eſt en pure perte: car comme en émondant, on abat beaucoup plus de branches vives, que de bois mort; il eſt évident qu'en laiſſant bourgeonner les premieres, avant de les retrancher, l'arbre a inutilement employé dans les branches coupées, de la ſéve, dont celles qui reſtent auroient profité, ce qui l'affoiblit d'autant pour ces branches-là.

Il y a plus; en différant ainſi l'émondage, la ſéve prend ſon train ordinaire; c'eſt-à-dire, qu'elle n'enfile point les menus ſcions de l'année & ne monte que juſqu'à la moitié des gros; d'où s'enſuivent les chicots, les alumettes & l'abougriſſement qui ſe ſuccédent d'année en année : au lieu qu'en émondant de bonne-heure, la ſéve vivifie tous les ſcions réduits à un plus petit nombre ; & le Mûrier ſe reſſent tout autrement du bienfait de cette opération.

Nos Cultivateurs alléguent pour raiſon de leur pratique, que l'Emondeur diſtingue beaucoup mieux, au moyen des bourgeons qu'on laiſſe éclorre, les branches qu'il faut conſerver, d'avec celles qui ſeroient ou mortes, ou malſaines, & que la ſerpette doit abattre : mais la plus legere attention ſuffit pour ne pas s'y méprendre : & d'ailleurs les inconvéniens de l'émondage trop retardé, l'emportent de beaucoup ſur ceux que ces mépriſes pourroient occaſionner.

Je ne prétends pas cependant, qu'on doive s'aſſujettir à émonder, à meſure qu'on vient de cueillir ; il ſuffiroit de le faire tous les huit jours : le fort du travail arriveroit d'abord après la montée des Vers à ſoie, pour les Mûriers cueillis à la freze & tout ſeroit en regle : mais on veut tout faire à la fois, ou de ſuite, pour ne pas ſe détourner ſi ſouvent; & près de la moitié de l'émondage eſt inutile pour les Mûriers & pour le maître.

Ce n'eſt, au reſte, que par œconomie, qu'on prend l'Eté pour émonder, préférablement à l'arrière-ſaiſon, où cette opération conviendroit mieux : mais en la faiſant en Eté, on profite de la feuille, que donneront au Printems, tous les ſcions du ſecond rejet : au lieu qu'en renvoyant après que la nouvelle pouſſe eſt aoûtée, on retranche toujours une bonne partie de ces ſcions.

Cette épargne eſt, au fond, peu conſidérable; & s'il s'agit de rétablir des Mûriers malingres & long-tems négligés, il vaudroit mieux renvoyer l'émondage à la fin de l'Automne, ou à tout autre ſaiſon de l'année qui ne concourût point avec celle de la pouſſe & de la pleine ſéve, où il ſe fait toujours par les inciſions, une perte de ce ſuc, qui ne peut qu'affoiblir le Mûrier : il eſt au moins d'expérience, que ceux qu'on émonde en Hiver, ou en Automne, plutôt qu'en

Eté, pouſſent le Printems d'après avec bien plus de vigueur. Il ſeroit même bon, de ne point effeuiller d'une, ou de deux années, ceux qu'on a ainſi opérés & de leur donner ce repos pour ſe former, pour ſe fortifier; je puis au moins aſsûrer que je me ſuis bien trouvé d'avoir ſuivi cette méthode.

La ſéve qui découle des Mûriers, émondés à contre-tems, eſt celle qui eſt aqueuſe & tranſparente, comme les pleurs de la vigne : elle eſt d'autant plus abondante, que le tems eſt pluvieux & que la terre a été bien trempée : en cueillant dans ces circonſtances, un Mûrier jeune & vigoureux, on voit pendre une goutte de ſéve de chaque endroit du ſcion où tenoit une feuille : auſſi eſt-il recommandé dans les préceptes d'agriculture, de n'émonder que par un tems ſec ; & de différer plutôt à une autre année, ſi celle où l'on devoit le faire, étoit trop pluvieuſe.

Il y auroit une autre raiſon, pour ceux qui émondent rarement, de différer & de choiſir pour cela l'année où les chaleurs & la ſécheresſe ont regné plus que de coutume ; c'est que les Mûriers jettant alors fort peu de bois à la seconde pousse, il y a bien moins de feuille au Printems suivant : au lieu qu'en émondant dans cette circonstance, ils pousseront tout aussi-bien, & ils rendront autant de feuille, malgré la sécheresse, que si la saison avoit été des plus favorables & qu'on n'eût point émondé.

On a vû ci-devant, qu'un des moyens pour rétablir certains Mûriers trop fatigués, par la cuillette annuelle, seroit de les laisser reposer de tems à autre & de passer quelquefois une année sans les cueillir. Ce soulagement qui paroîtroit nécessaire l'année d'après qu'ils ont produit plus que de coutume, ne pourroit au moins que leur être très utile ; si on le leur ménagoit, par exemple, de trois en trois ans, d'abord après l'émondage, qu'on ne feroit chaque année, que sur un tiers de la plantation.

Effets de la cueillette de la feuille sur le Mûrier.

Mais tous nos Cultivateurs ne conviennent point de cette utilité ; ils sont si persuadés, au contraire, du préjudice que ce repos apporteroit aux Mûriers qu'ils livreroient plutôt leur feuille *gratis*, sous la seule condition de la cueillir.

Il est vrai que ces arbres rapportent moins de feuille lorsqu'on ne les en dépouille pas chaque année, cette opération est pour eux une sorte d'émondage; elle en a les effets à certains égards: d'autant mieux qu'elle diminue la production des mûres & que l'arbre gagne par-là en feuille, ce qu'il perd en fruit: au lieu que le contraire arrive, lorsqu'on passe une année sans le cueillir; les mûres se multiplient, la feuille devient plus clair-semée & les scions plus courts: mais si c'est un désavantage; il ne le seroit que pour le Propriétaire & il seroit passager; & le Mûrier en revanche se mettroit en état de fournir plus longtems la pousse forcée, que la cueillette occasionne.

De la maladie qui dépeuple nos plantations.

Cet arbre n'étoit pas plus destiné qu'aucun autre à être dépouillé de ses feuilles; ce n'est que par accident, qu'il est exposé dans le pays, d'où il est originaire, à être quelque peu rongé par une Chenille; comme le sont certains arbres de nos climats ; on force donc nature en effeuillant le Mûrier chaque année ; & cette violence altére peu-à-peu, ſelon toute apparence, ſon tempérament, ſoit en arrêtant pendant la pleine ſéve ſa tranſpiration, dont les feuilles qu'on lui ôte ſont le principal organe ; mais ſur-tout en occaſionnant peu-à-près une tranſpiration plus abondante, par le ſurcroît de feuilles qu'on lui fait produire : en ſorte qu'il y a tout à préſumer, que les Mûriers-francs ne meurent de bonne-heure, qu'en ſuite d'un épuiſement, on d'une pouſſe exceſſive, cauſée d'abord par la greffe & enſuite par la cueillette (*a*).

(*a*) Selon Mr. Hales la ſuccion de la ſéve par les feuilles, ſe fait en raiſon de leur tranſpiration : or les feuilles larges & nombreuſes des Mûriers-francs, entés ſur ſauvageon, tranſpirent beaucoup ; elles ſuccent beaucoup de même le rameau franc, & celui-ci la tige ſauvage : mais les conduits ou les vaiſſeaux de la ſéve dans les feuilles & les branches-franches, ſont probablement proportionnés, ou d'un calibre égal ; s'il n'en étoit pas de même des vaiſſeaux du rameau-franc & de ceux de la tige ſauvage & que ceux-ci fuſ-

Auſſi voit-on tous les jours que les Mûriers greffés, dont les feuilles ſont toujours plus larges & plus nombreuſes que celles du ſauvageon, ne vivent pas à beaucoup près autant que ces derniers; & que parmi les Mûriers greffés, ceux qu'on ne cueille que rarement, ou qui ne le ſont pas du tout,

ſent plus étroits, comme il y a beaucoup d'apparence, les premiers attireroient plus de ſéve que les derniers ne pourroient en fournir dans un tems égal; & ce ſeroit un vice intérieur dans nos Mûriers mi-partis de franc & de ſauvageon, qui devroit occaſionner à la longue, un épuiſement dans les branches. On peut ajouter que les effets réſultans de cette diſproportion de vaiſſeaux, doivent être plus ſenſibles, lorſqu'on augmente le volume des feuilles, par conſéquent de la tranſpiration, en effeuillant les branches.

La ſéve n'éprouveroit point cette difficulté dans les Mûriers qu'on feroit venir de bouture franche; il ſuffiroit de fournir aux racines, autant de ſucs qu'il en tranſpireroit par les feuilles : mais il arriveroit toujours que lorſque les ſucs nourriciers d'une année, ne ſeroient pas auſſi abondans, que ceux de l'année, qui a précédé, il faudroit retrancher des branches à proportion & les ravaler, pour leur conſerver la même vigueur.

tels que les Mûriers des berceaux, des palissades des jardins, durent plus long-tems, que ceux qui servent à la nourriture des Vers à soie.

C'est pour cela aussi, que les Mûriers greffés de belle espéce, meurent plutôt que ceux dont la feuille est naturellement plus petite : & que ceux dont la pousse est montée au plus haut point de vigueur, ou qui ont poussé plus de feuille que de coutume, sont ordinairement plus près de leur fin, que ceux où cette pousse est habituellement ou foible, ou médiocre : on voit perir quelquefois les premiers presque subitement & le desséchement commence toujours par le sommet des plus hautes branches ; comme étant plus éloignées des racines d'où elles tirent leur principale nourriture.

Il ne faut pas chercher, je crois, d'autre cause (*a*) de la mortalité des Mû-

(*a*) Le Peuple accuse de cette mortalité le vif-argent caché dans la terre ; comme si ce minéral étoit une chose fort commune, ou que quelqu'un pût se vanter, avec vérité d'en avoir jamais vû une goutte, en fouillant au

riers, qui dépeuple depuis quelque tems nos plantations; ni s'étonner même qu'elle ſoit plus commune aujourd'hui qu'autrefois. Les éducations des Vers à ſoie, qui n'étoient ni ſi conſidérables, ni ſi nombreuſes dans le dernier ſiécle, qu'elles le ſont à préſent, réuſſiſſoient beaucoup plus mal; l'on avoit cependant de la feuille, comme pour la meilleure réuſſite; il en reſtoit donc toujours beaucoup ſur les Mûriers: mais indépendamment de ceux qu'on deſtinoit à être cueillis & qui ne l'étoient pas par l'événement; on ſait par les auteurs de Magnaguerie, que bien des particuliers avoient des Mûriers de relais, qu'ils laiſſoient repoſer alternativement avec ceux qu'on cueilloit.

D'ailleurs on voit par les Mûriers

pié des Mûriers. Mais quand même il y exiſteroit, il ne nuiroit pas ſans doute par le ſimple contact, aux racines de ces arbres; & il ne pourroit d'ailleurs s'y inſinuer, qu'autant qu'elles ſeroient avec lui, au moins de même gravité ſpécifique; ou que ce fluide ayant été très atténué, ſeroit ſoumis de plus, à une manipulation, que l'art ſeul peut exécuter.

blancs qui nous reſtent de ce tems-là, que la plûpart étoient ſauvageons, que les francs étoient à petite feuille & que les Mûriers noirs en particulier, qui feſoient alors le plus grand nombre, ne ſont pas du tout greffés.

Le plus ſûr moyen, peut-être l'unique, pour ſe garantir de cette prétendue contagion, qui fait perir nos Mûriers, ſeroit donc de ne pas les greffer, ou de les cueillir plus rarement, mais nos Cultivateurs ne voudroient point à ce prix ſe paſſer d'un profit préſent & annuel, ni d'un produit plus conſidérable; & ils jugent qu'un pareil reméde leur ſeroit plus déſavantageux que le mal dont ils ſe plaignent.

Comment cette maladie ſe propage.

L'épuiſement des branches du Mûrier, doit naturellement en occaſionner un autre, dans le terrein que le Mûrier occupoit : au moins eſt-il certain, que ſi l'on plante un de ces arbres dans la place où un autre de cette eſpéce ſera mort; le nouveau plant ne tardera guere à reſſentir les atteintes de la même maladie, dont on a vû ci-devant les ſymptomes; (au bas de la page 113) & il mourra même beaucoup plûtôt que le premier. Il en arrive autant aux jeunes Mûriers, dont on auroit établi la Pépiniere dans un terrein où quelque gros Mûrier seroit mort : ils semblent y contracter le germe de la maladie, qu'ils portent dans les meilleures terres où l'on les plante.

Pour corriger le vice de ces terreins & rendre la même place propre à une seconde plantation, nos Cultivateurs se contentent d'y creuser un large trou, dont ils laissent la terre exposée pendant un an aux influences de l'air : le jeune Mûrier qu'on y plante profite, tandis que ces racines sont entourées de cette terre remuée & long-tems exposée : mais lorsqu'elles passent au-delà, il commence à se dessécher.

La maladie, qui selon l'opinion vulgaire avoit d'abord été produite par le vif-argent, dans les premiers arbres qui en étoient morts, se communique, dit-on, aux autres par les vieilles racines infectées, qui restent en terre, il faudroit donc éplucher ces racines dans toute l'étendue que celles du nouveau plant pourront dans la ſuite occuper, comme on l'a pratiqué dans le trou, où il doit être planté ; car en même-tems, on défonceroit profondément le terrein ; on expoſeroit ſes différentes parties aux influences de l'air ; elles ſe pénétreroient de nouveaux ſucs, dont la diſette, eſt probablement ce qui nuit le plus à ces ſecondes plantations.

Ce n'eſt pas que le terrein où un gros Mûrier ſera mort, ſoit abſolument épuiſé de ſucs propres à la végétation, puiſqu'il vient d'autres plantes dans le terrein, qu'on ſuppoſeroit le plus épuiſé ; ni même que ces plantes ayent des ſucs affectés, que tout autre eſpéce ne s'approprie pas : car cette propriété eſt une choſe pour le moins fort douteuſe ; toute la différence vient, je crois non de la qualité des ſucs nourriciers, mais de la quantité qu'une eſpéce d'arbre conſumera plus qu'une autre dans un tems déterminé.

Un Prunier, ou tout autre arbre fruitier, viendra très-bien à la place d'un Mûrier mort : mais le prunier a beaucoup moins de racines & croît plus lentement, que le Mûrier greffé de belle eſpéce & cueilli chaque année; il conſume donc moins dans un tems donné; & la terre a toujours dequoi fournir à cette foible conſommation, qui ſe fait peu-à-peu & à la longue; elle a le tems d'en préparer une nouvelle, ou de ſe féconder de plus en plus; il n'en eſt pas de même du Mûrier, ou de tout autre arbre auſſi vorace à qui il faut une proviſion d'alimens prompte & abondante.

Pour m'aſsûrer au reſte, ſi les racines des Mûriers morts pouvoient influer ſur la ſanté de ceux qui les remplacent; je fis enterrer des paquets de ces racines au pié de deux jeunes Mûriers, que je feſois planter dans une terre neuve & nullement infectée: je ne m'apperçus pas cependant dans la ſuite qu'ils ſe trouvaſſent plus mal de ce voiſinage.

Au ſurplus, pour acquerir quelque certitude, tant ſur l'origine de cette maladie, que ſur ſa propagation; il faudroit plus d'expériences & d'obſervations que je n'en ai pu faire.

FIN.

www.ingramcontent.com/pod-product-compliance
Ingram Content Group UK Ltd.
Pitfield, Milton Keynes, MK11 3LW, UK
UKHW020918180726
13838UKWH00002B/621

9 782329 314334